濒危植物连香树研究

□ 黄绍辉　著

东北林业大学出版社
Northeast Forestry University Press
·哈尔滨·

图书在版编目（CIP）数据

濒危植物连香树研究 / 黄绍辉著. -- 哈尔滨：东
北林业大学出版社，2019.12

ISBN 978-7-5674-2048-9

Ⅰ.①濒… Ⅱ.①黄… Ⅲ.①连香树科–研究 Ⅳ.
① Q949.746.4

中国版本图书馆 CIP 数据核字 (2020) 第 015498 号

责任编辑：彭　宇

封面设计：优盛文化

出版发行：东北林业大学出版社

　　　　　（哈尔滨市香坊区哈平六道街 6 号　邮编：150040）

印　　装：定州启航印刷有限公司

规　　格：170 mm×240 mm　16 开

印　　张：13.5

字　　数：259 千字

版　　次：2019 年 12 月第 1 版

印　　次：2019 年 12 月第 1 次印刷

定　　价：59.00 元

如发现印装质量问题，请与出版社联系调换。（电话：0451-82113296　82191620）

前　言

连香树（*Cercidiphyllum japonicum*）为东亚特有落叶乔木，树体高大，树姿优美，叶形奇特，叶色季相变化丰富，即春季为紫红色，夏季为翠绿色，秋、冬季落叶前由金黄色变为深红色，是典型的彩叶树种。连香树落叶时间晚，一般直到农历腊月末才开始落叶，而其发芽早，次年正月即开始发芽，因此，观叶期比较长，观赏性价值高，是园林绿化、景观配置的优良树种。

本书在对连香树进行物候观察基础上，对连香树胚珠解剖特征、果实特点、叶表皮特征、叶的表型变化、各居群所在群落的植物区系地理特征及主要树种生态位、各居群遗传多样性、基因流等方面进行了初步研究，从表型、区系、生态和遗传等角度分析了连香树种内的变异特征，探讨其种下分类问题如生态型的划分等，加大了对此国家二级濒危物种的了解，为进一步保护和开发利用提供了基础数据。通过本书内容，希望为海绵城市建设的城市绿化设计提供优良树种资源，便于园林设计人员在绿地规划设计时充分利用各种植物资源。

野外调查与室内实验紧密结合，对濒危物种连香树各发育阶段的进一步调查和解剖学、生理学和生物化学实验，以及对该树种生产应用价值和观赏价值的综合评价，将有利于对该物种濒危机制的理解、综合保护措施的制定以及资源的开发利用。

本书可作为园林规划设计、施工人员、城市规划和环境管理人员、植物学和生态学工作者的参考资料。限于作者水平，书中难免有欠缺的地方，敬请读者批评指正。

感谢徐州工程学院科研处和江苏省自然科学基金委员会的支持。本书由江苏省自然科学基金面上项目（BK20161164）、住房和城乡建设部科学技术计划项目（2016-K2-005）资助。

黄绍辉

2019 年 5 月

目 录

第一章 连香树形态特征及系统分类地位 / 001

1.1 连香树形态特征 / 001

1.2 连香树系统分类地位 / 002

第二章 连香树叶片扫描电镜研究 / 004

2.1 仪器和药品试剂 / 005

2.2 材料与方法 / 005

2.3 结果与分析 / 006

2.4 讨论与结论 / 007

第三章 连香树表型变异研究 / 010

3.1 材料与方法 / 013

3.2 结果与分析 / 014

3.3 讨论与结论 / 034

3.4 小结 / 036

第四章 连香树区系特征研究 / 038

4.1 群落区系研究方法及研究区概况 / 038

4.2 结果与分析 / 042

4.3 结论与讨论 / 059

第五章 连香树种实特征研究 / 063

5.1 材料与方法 / 064

5.2 结果与分析 / 065

5.3 结论与讨论 / 066

第六章　连香树胚珠结构研究 / 067

　　6.1　物候观测 / 068

　　6.2　胚珠的显微结构 / 068

　　6.3　胚珠的超微结构 / 070

　　6.4　结论与讨论 / 072

第七章　连香树群落特征研究 / 073

　　7.1　各居群自然条件 / 077

　　7.2　调查和计算方法 / 077

　　7.3　结果与分析 / 080

　　7.4　结论与讨论 / 088

第八章　连香树遗传多样性研究 / 091

　　8.1　连香树 DNA 提取方法的研究 / 096

　　8.2　连香树 RAPD 反应体系的优化研究 / 102

　　8.3　牛血清白蛋白对 RAPD 反应体系的进一步优化研究 / 109

　　8.4　基于 RAPD 的连香树遗传多样性研究 / 113

　　8.5　结论 / 138

附　录 / 140

　　附录1　发表文章 / 140

　　附录2　授权发明专利 / 160

参考文献 / 177

第一章 连香树形态特征及系统分类地位

1.1 连香树形态特征

连香树（*Cercidiphyllum japonicum*）属于有花植物亚门双子叶植物纲金缕梅亚纲连香树科（Cercidiphyllaceae）连香树属（*Cercidiphyllum*）植物，为国家二级濒危保护植物。其为落叶乔木，树干单一或数个，高达 20 m，树皮灰色；具长枝及短枝，长枝之叶对生或近对生，小枝无毛，芽鳞褐色，短枝具重叠环状芽鳞痕，着生 1 叶及花序。短枝之叶近圆形、宽卵形或心形，长枝之叶椭圆形或三角形，长 4 ~ 7 cm，宽 3.5 ~ 6 cm，具圆钝腺齿，两面无毛，下面灰绿色，掌状脉 7；叶柄长 1 ~ 2.5 cm，无毛。芽卵形，生于短枝叶腋，芽鳞 2。叶纸质，具钝锯齿，掌状脉；具叶柄，托叶早落。花单性，雌雄异株，先叶开放；每花具 1 苞片；无花被；雄花常 4 朵簇生，近无梗，苞片花期红色，膜质，卵形；雄蕊 8 ~ 13，花丝细长，花药条形，红色，药隔延长成附属物；雌花 2 ~ 5（8）朵，簇生，具短梗；心皮 4 ~ 8，离生，花柱红紫色，每心皮具数枚胚珠。蓇葖果 2 ~ 4，荚果状，长 1 ~ 1.8 cm，褐或黑色，微弯，先端渐细，花柱宿存，果柄短，长 4 ~ 7 mm。种子扁平，一端或两端具翅，种子数个，扁平四角形，长 2 ~ 2.5 mm，褐色。花期 4 月，果期 8 月。

连香树幼时生长迅速，材轻而质柔，木材纹理通直，结构细致，呈淡褐色，心材与边材区别明显，且耐水湿，是制作小提琴、室内装修、制造实木家具和建筑等的理想用材，也是稀有珍贵的用材树种，还是重要的造币树种。

连香树树体高大，树姿优美，叶形奇特，为圆形，大小与银杏（*Ginkgo biloba*）叶相似，因而别名为山白果。其叶色季相变化丰富，即春季为紫红色，夏季为翠绿色，秋季为金黄色，冬季为深红色，是典型的彩叶树种；而且落叶迟，到农历腊月末才开始落叶，发芽又早，次年正月即开始发芽，极具观赏价值，是园林绿化、景观配置的优良树种。

连香树的树皮与叶片含鞣质，可提制栲胶；叶中所含的麦芽醇在香料工业中常被用于香味增强剂。其味苦、平，入肝经，主治小儿惊风抽搐肢冷。

连香树是一种古老的植物，早在第三纪古新世就已出现，目前主要分布于日本的北海道、本州、四国和九州，中国山西南部、河南西南部、陕西南部、甘肃南部、安徽西部、浙江北部、江西北部和东部、湖北西部、四川西部和东南部，生于海拔400 ~ 2 500 m 的常绿和落叶阔叶混交林中（路安民等，1993），盛产于湖北西部和四川一带的溪边上。连香树是典型的雌雄异株植物，且不具有花瓣，是东亚特有植物，正逐渐被开发为园林观赏和速生用材树种。

1.2　连香树系统分类地位

连香树为白垩纪残遗树种，在植物分类系统上有重要的地位，在系统演化中处于比较原始的地位，所以有关连香树系统演化问题的探讨报道较多（王东等，1991；俸宇星等，1998；Bob，1995；Sun，1980；Althur et al.，1992；Davis，1996；Erdtman，1996；Metcalfe et al.，1957；Swamy et al.，1949）。近来发现连香树除具有优良的速生和观赏特性外，还是重要的中药材和香料工业植物（Sun，1980），因而逐渐被世界各国作为速生用材和庭院绿化树种广泛引种栽培（Bob，1995）。此外，对于连香树群落特性、濒危机制及其保护方面的研究也引起了一些学者的兴趣。对连香树物种生物学的研究，有助于雌雄异株濒危植物的进化生物学及系统分类研究。

连香树属有两种，即连香树和大叶连香树，是连香树科（Cercidiphyllaceae）的单有属，东亚植物区系的特有属，第三纪古热带植物区系的残遗属（王东等，1991）。一般把连香树科列为低等金缕梅类植物，在系统演化中有重要地位。低等金缕梅类植物由一些古老、孤立的科组成且是多系的。rbcL 基因序列的分子系统发育分析表明，连香树科和虎皮楠科（Daphniphyllaceae）、金缕梅科（Hamamelidaceae）及虎耳草科（Saxifragaceae）关系较近，结合其形态特征，连香树科和虎皮楠科应置于金缕梅目内（俸宇星等，1998）。连香树科、虎皮楠科、金缕梅科之间进化距离相当短，3 个科之间亲缘关系密切。以北美木兰属（*Magnolia*）为外类群，对连香树科、交让木科、金缕梅科代表植物叶绿体 matK 基因序列（5′端 31 bps 除外）分析结果表明，连香树科与水青树科（Tetracentraceae）亲缘关系较远。连香树科、虎皮楠科和金缕梅科形成了一个自展数据支持率为 100% 的单系类群（章群等，2003）。

连香树主要分布于我国和日本，大叶连香树则主要分布于日本。1846 年，Siebold 和 Zuccarini 最初建立连香树属，1900 年 Van Tiedgham 将其提升为连香树科（王东等，1990）。1871 年，Baillon 提出连香树属与金缕梅科有较近的亲缘关系，近期分子系统学和系统发育系统学的分析结果，大部分都赞成该观点，认为连香树科与金缕梅科的双花木属（*Disanthus*）有较近亲缘关系（俸宇星等，1998），有的将其作为金缕梅目的成员（Cronquist，1988；Thorne，1992），有的将其作为接近金缕梅目的单立目（Takhtajan，1987）。近期的研究发现，在"低等"金缕梅类植物中，领春木科（Eupteleaceae）是金缕梅类早期分化的成员，与连香树科有较近的关系（路安民等，1991），而折扇叶科（Myrothamnaceae）与连香树科关系最近（Hufford et al.，1989；Endress，1989）。

连香树科植物从白垩纪晚期到第三纪，广泛分布于北美、欧洲和亚洲（Manchester，1999；Crane，1984；Crane et al.，1985a，b；Tanai，1992；Jahnichen et al.，1980）。连香树白垩纪晚期在北美有分布（Brown，1962），古新世在加拿大（Crane et al.，1985b）、中国新疆（郭双兴等，1984）、英国（Crane，1985c）和欧洲其他地区有分布（Manchester，1999；Meyer et al.，1997），渐新世在美国和欧洲中部有分布（Manchester，1999；Kovar-Eder et al.，1998；Jahnichen et al.，1980），中新世在俄罗斯的堪察加半岛东部有分布（Chelebaeva，1978；Manchester，1999）。它们作为一种先锋树种，在洪水冲击过的漫滩地首先生长（Crane，1985c）。连香树科是东亚特有科，也是水杉植物区系的特征成分之一，最早出现于北半球高纬度地区，以后逐步向中低纬度地区扩散最后进入我国而成为特有植物（周浙昆等，2005）。

植物化石研究表明，在晚白垩纪和早第三纪北半球中等纬度地区，出现了连香树科祖先类群即 Joffrea-Nyssidum 复合群（路安民等，1993）。在加拿大晚白垩纪坎佩尼期地层中，发现了和现存连香树属植物相似的花粉（Jarzen，1978）。在我国黑龙江嘉荫晚白垩纪、新疆阿勒泰古新世、抚顺始新世、内蒙古中新世发现了连香树属叶化石（中国科学院植物研究所等，1978）。在北美和欧洲早渐新世地层中，发现了与连香树属十分相似的花序化石（Crane，1985d）。古生物学的这些证据表明，连香树科是比较原始的植物类群，在植物的系统演化中占有重要的地位。

第二章　连香树叶片扫描电镜研究

形态种是从形态结构方面来判别物种，包括花色图案、体表结构、某些器官的长短、性器官的形状以及任何解剖上的差异等，用来划定形态种的特征被称作表型或表征。根据表型的变化，物种又可分为多态型和单态型。种下分类单元的划分，主要存在 3 方面问题：第一，名词不统一，不够规范；第二，缺乏统一标准，随意性太大；第三，不同的种下分类单元系统关系不清，尤其是亚种与本种的关系研究不够。种间的判别可以通过生殖隔离加以鉴别，而种下的进一步分类却无统一规章可循，性别、地理、行为、生态和分工等方面都可作为划分的标准。因此，种下的分类单元名称更是多样，尽管国际命名法规只承认亚种和变种这两个种下的分类单元，但事实上，在生物学文献中，却出现了很多名词（同号文，1995）。现有的、为数非常有限的关于中国植物变异式样研究的证据证明，有些"种"实际上是生态宗（*Clinopodium*）、地理宗（*Cunninghamia* 和 *Indigofera*）或地形梯度变异式样的分类群（*Lespedeza* 和 *Rhododendron*）而已（徐炳声，1998）。有研究表明，酸模叶蓼（*Polygonum lapathifolium*）在植株高度和茎节膨大程度这两个性状上均高度可塑，叶下面被毛这一性状与无毛类型之间存在过渡现象，因此，将根据上述特征分出的空头蓼（*P. nodosum*）和柳叶蓼（*P. lapathifolium* var. *salicifolium*）进行归并，作为酸模叶蓼（*P. lapathifolium*）的异名处理（杨继等，1991）。有研究表明，叶表皮微形态在一定程度上能反映出不同类群间的关系，植物叶表面特征可为属内植物的分类与鉴别提供依据[①]植物叶表皮微形态受遗传因子和环境条件共同作用，多数特征在属的水平上保持稳定，少数性状可以用作种分类的辅助指标。表皮微形态特征显示种间在生态适应对策上具有相似性，而在种间关系上可能体现的亲缘关系更近。桫椤科（Cyatheaceae）的 2 个属 6 个种叶表皮微形态特征研究表明，其多样性较为丰富，表皮微形态特征可作为种间鉴别的参考依据。

连香树叶为异面叶，气孔仅分布于表皮，栅栏组织发达，茎的次生木质部为散孔材，导管端壁倾斜，具梯状复穿孔、木薄壁细胞甚少，其老根次生皮层和射线

---

① 陈进燎，兰思仁，吴沙沙，等 . 6 种野牡丹属植物叶片表面特征及其分类学意义研究 [J]. 福建林学院学报，2013，33（2）：106–112.

薄壁细胞都分布有较多颗粒物质，表明连香树在进化中是较原始的树种（黎明等，2005）。连香树存在木薄壁细胞和 S 型筛分子质体，在管孔大小、木薄壁细胞星散状分布等与金缕梅类植物具有相似营养器官结构特征，且连香树导管具原始梯状穿孔板，横条多数，并具有超出穿孔板的三生螺旋木材特征，这些是连香树系统发生较为古老的解剖学证据。比连香树进化的一些金缕梅类群则出现了网状穿孔板、带状分布木薄壁细胞等解剖学特征（王东等，1991）。

连香树科的叶具托叶，其落叶习性是由常绿习性演变形成的（Cronquist，1988；Takhtajan，1980）。由于连香树叶脉为掌状环曲脉序，齿型独特，因此有人认为连香树的系统演化位置极为孤立，处于木兰科（Magnoliaceae）和金缕梅科之间，是比木兰科进化而接近于金缕梅科的植物类群（王东等，1991）。植物营养器官微形态特征主要是物种自身遗传特征的反映，对探讨现存植物的分类系统有参考价值。对连香树营养器官和木材的解剖学特征研究也有报道，但对叶片毛被特征的研究，近年来未见报道。通过对连香树 9 个居群叶片扫描电镜研究，希望为其系统演化研究提供基础。

2.1 仪器和药品试剂

PHILIPS SEM–505 扫描电子显微镜，0.1 mol/L 磷酸缓冲液、50% FAA、1% 锇酸、乙醇、金、乙酸异戊酯。

2.2 材料与方法

叶片扫描电镜材料来自湖北巴东、长阳，安徽金寨、歙县，河南济源，四川宝兴、峨眉，陕西户县和湖南新宁 9 个居群。野外选取每居群中不同植株个体各 30 株，每株随机采一片生长正常的新鲜成熟叶，另外，在每个居群中随机选取一株样木，分别从中随机采取 30 片样叶。以上样叶均在近中脉处剪取 0.2 cm × 0.2 cm 的样品，用 50% FAA 固定液固定。带回实验室后用 0.1 mol/L 磷酸缓冲液清洗 3 次，每次 20 min；用 1% 锇酸固定 4 h，0.1 mol/L 磷酸缓冲液清洗 3 次，每次 20 min。50%，75%，90%，100% 乙醇逐步梯度脱水，乙酸异戊酯过渡，HCP–2 型临界点干燥器干燥，贴样，喷金镀导电膜后，置于 PHILIPS SEM–505 扫描电子显微镜下观察拍照。

2.3 结果与分析

作为植物的最外部位，叶片表皮及毛被特征能最快反应外界环境的变化（Johonson，1975），有研究表明一些特征明显处于基因控制之下（Stuessy，1990），因而成为极有用的分类学证据。随着扫描电子显微镜（壳斗科，SEM）的应用，这些特征已成功应用于不同分类群，如壳斗科（Jones，1986）、风车子属（Stace，1996）。从个体和系统发育学角度出发，毛状体的形态学分化与其长期适应外界不良环境有关（徐淑红等，2002），喜阴、耐湿一类热带植物的毛被必然是在地史过程中由于气候变干燥、变寒冷而形成的（Benzing et al.，1978）。

本书研究中，9 个居群叶片扫描电镜结果表明（图 2–1、图 2–2），只有长阳、歙县和新宁 3 个居群的部分样叶背面有表皮毛，但叶片正面均无表皮毛，其余 6 个居群的所有样叶无论正反面均未发现表皮毛（图 2–1 左图）。其中，长阳居群样叶 70% 背面有表皮毛，歙县居群和新宁居群样叶均为 33.3% 的叶背面有表皮毛。表明长阳居群连香树个体形态分化在所研究居群中是最强的，而歙县居群和新宁居群个体形态分化程度相当，其他居群个体形态分化则较弱。有文献（郑万钧，1983；江西植物志编辑委员会，2004；安徽植物志协作组，1987）根据叶下面毛被情况，将连香树分为连香树和变种毛叶连香树（*C. japonicum* Sieb. et Zucc. var. *sinense* Rehd. et Wils.），变种与种的主要区别在于变种叶下面中部以下沿叶脉密被向两侧展开的毛。本书研究表明，长阳居群叶背面表皮毛形状与歙县和新宁居群叶背面表皮毛不同，在扫描电镜下为扁平状且倒伏于叶面（图 2–1 右图和图 2–2 左图），而歙县和新宁居群叶背面表皮毛则相似，为直立菱形（图 2–2 右图）。从个体和系统发育学角度出发，毛状体的这种形态学分化与其长期适应外界不良环境有关。3 个居群的表皮毛均为单毛类型，表明其表皮毛性状为原始类型（路安民，1985）。表皮毛是表皮细胞突起而形成，是次生性的，无毛类则是原始类型（税玉民等，1999），因此，长阳、歙县和新宁 3 个居群的部分个体已经具有一定程度的次生性形态分化，体现了相应的进化特征。在歙县居群的叶片毛被特征研究中，发现同一个体的样叶只有 30% 有表皮毛，另外 70% 则无毛，其余居群的同一个体样叶未出现此情形。因此，推测表皮毛的产生是对环境空间变化的局部反应，其特征存在过渡现象，没有间断性，作为划分连香树变种的依据不够充分。基于以上研究，我们认为可把被调查连香树居群分为三种生态型，其中歙县和新宁居群可作为一种生态型，长阳居群可作为第二种生态型，而其余居群可划分为另一种生态型。

根据叶片表皮毛特征，初步将被调查连香树居群分为三种生态型，其中歙县和新宁居群为一种生态型，长阳居群为第二种生态型，而其余居群为另一种生态型。

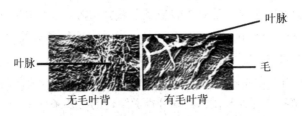

图 2-1　有毛与无毛叶背的对照

（左图材料来源于湖北巴东，右图材料来源于湖北长阳）

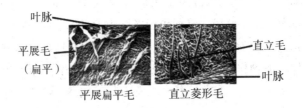

图 2-2　两种不同的表皮毛

（左图材料来源于湖北长阳，右图材料来源于安徽歙县）

2.4　讨论与结论

物种是可以进行交配的自然居群，它和其他居群之间存在生殖隔离（Mayr，1940，1942），是由居群组成的生殖单元，在自然界占据一定的生态位，它不能表明个体的任何内在特征，而只是与源于同一父母的其他个体间的关系（Mayr，1992）。物种问题尤其是在物种概念、物种划分及物种形成等方面的观点分歧较大，学派林立、百家争鸣，至今仍未达成完全一致。分歧的根本原因是生物的极端多样性，同时与每个人的观察角度和认识水平有关（同号文，1995）。广义的物种生物学（biosystematics）是系统学中探讨物种变异和进化的部分，相对分类本身来说，它更多地涉及进化过程（Davis et al.，1963）。对物种的认识可分为三个阶段（Camp et al.，1943）：第一阶段只是根据单份标本或若干碰巧看到的标本认识物种，即调查研究阶段；第二阶段是根据形态变异和分布的研究即系统学研究阶段；第三阶段即biosystematy 阶段，是对所探讨类群进行形态和生物地理学研究外，还进行遗传学分析阶段(洪德元,2000)。鉴定物种则有两个基本要求:第一,要求特征分明(间断性),没有中间类型存在;第二,要求特征固定(不变性)(陈世骧,1987)。美国华盛顿Carnegie研究所资助的实验,是对居群基因生态学分化进行世界上规模最大的实验,其中,Clausen,Keck和Hiesey的规模巨大、范围广泛和多学科的实验研究都是在探讨物种内部分化和物种形成过程(洪德元,2000)。

利用分类群的模式标本和整个分布区的(不只限于某一地区的)、尽可能多的标本是充分研究植物变异性和做出正确分类学结论的必要条件(Nooteboom,1992)。要理顺种下分类单元之间的关系,了解物种形成的原理和过程是关键(同号文,1995)。成种作用大致可分两类:由地理(geographical)因素引起的(包括传统的地理成种理论和新兴的隔离分化成种理论)和非地理(non-geographical)因素产生的成种作用(同号文,1997)。成种作用实际上是相互隔离的居群之间遗传趋异的副产物(Minelli,1993)。Endler(1977)提出,生殖隔离是成种作用的最终产物,而非前提条件。成种作用的最终目的是达到生殖隔离,但能产生(引起)生殖隔离的途径很多(Wright,1982)。物种形成机制等同于产生生殖隔离的机制。强分异选择(strong divergent selection)、随机漂变(sampling drift)和性选择(sexual antagonistic selection)是形成新物种的主要动力(同号文,1997)。对物种身份的分类学判断,在很大程度上是在估量居群界限和组成中的一种见解,而模式标本仅仅是命名上的一个参考点(Davis et al.,1963)。模式标本仅在命名上具有独特的作用,但在划分类群时,它和任何标本都是等价的。

对湖北省种群规模统计显示,连香树纯林极少,多呈零星分布且相距较远,这对雌雄异株植物来说,其后代繁衍是很困难的,这种分布特点增加了连香树雌、雄株之间传粉授精难度,这或许是在单株连香树下极少发现有实生苗的原因(王煜等,2002)。在神农架地区,在自然条件下,单株分布是连香树主要分布形式,但在人为活动较少、缺乏干扰、地形复杂的局部地带有小块纯林分布(刘胜祥等,1999)。在湖北,连香树的地理分布格局是集群分布,其生长因长江相间隔,而形成南、北两个亚区。北部亚区连香树依自然地貌,以低山或中山为中心,形成4个相间隔的海拔相对较高的分布岛。南部亚区形成一条东西走向的分布带,带内相邻种群往往相距较远。这种星散分布格局构成了不同程度的生殖隔离,不利于种群之间、分布岛之间和亚区之间的基因交流,是该物种在该地区走向濒危的遗传学原因(王煜等,2002)。

尽管有不少文献根据叶下面有向两侧展开毛这一特征,将叶下面被毛的连香树划分为连香树变种,但我们研究发现,与酸模叶蓼相似,连香树叶下面被毛这一性状也不十分稳定，与无毛类型之间存在过渡现象。在对安徽歙县居群同一个体叶片的扫描电镜研究中，作者发现同一个体的样叶只有30%叶下面有毛，另外70%则无毛。因此，叶下有毛和无毛类型间没有间断，而是有中间类型存在。结合上述亚种、变种等的分类学分析，作者认为不宜将连香树中叶下有毛类型划分为其变种。

第三章　连香树表型变异研究

表型可塑性是基因型对特定环境条件产生不同表型的能力，是该基因型的一种基本特征（Schmalhausen，1949；Pigliucci，1997）。植物表型可塑性是植物适应空间异质性和环境波动的重要因素（Bradshaw，1965；Schlichting，1986；Sultan，1987）。对 6 个（*Calamagrostis epigejos*）居群的研究表明，叶宽、叶长具有较高可塑性（Cornelia et al.，2005）。"生态假说"认为，生态上差异的大小，会在表型可塑性的幅度上体现出来（Schlichting et al.，1998）。在特定环境下，某一特定性状的可塑性随个体、居群和物种不同而变化，有些基因型高度可塑并不意味着其他基因型也会如此，而且可塑性幅度和式样受遗传控制（Bradshaw，1965）。通过对燕麦属（*Avena*）两个种 *A. barbata* 和 *A. fatua* 的研究，Thompson et al.（1991a）认为一个物种表型可塑性大小与其遗传上杂合性大小成反比。已有实验证据支持他们的观点。通过对近缘属（*Bromus，Limnanthes*）的研究，Thompson et al.（1991b）认为表型可塑性是能替代遗传多态现象适应不稳定或异质环境的又一种选择。具有强大表型可塑性，可以弥补遗传多样性低所带来的不足，减小对生态型分化的依赖，从而适应多变异质生境。强大的表型可塑性使得遗传多样性很低的大米草（*Spartina anglica*）能够在不同演替阶段群落中立足，占据不同发育阶段的滩涂（Thompson et al.，1991c）。

在大多数植物中，花部等繁殖器官性状相对于营养器官来说都是比较保守或稳定的（Stebbins，1950），许多可塑性研究也发现其环境适变能力较小（Bradshaw，1965；Davis，1996）。泡沙参复合体不同个体和居群在一致条件下的表现及野外和移栽后对比表明，一些叶片、花部和果实性状具有较大发育可塑性，叶形和花萼裂片还有发育过程的定向变化。根、茎和花序等性状有较大环境可塑性，而叶片、花部、果实和种子性状环境饰变能力都较小（葛颂等，1994）。叶片性状尤其是叶形、被毛等性状在沙参属内变异极大。蒙古栎（*Quercus mongolica*）种内表型性状在居群间和居群内存在着极其丰富的变异，其表型性状随着经纬度增加、海拔升高，坚果、叶形变异呈梯度规律性，顶芽、叶、壳斗、坚果间存在显著或极显著的相关关系（Davis et al.，1963）。

可塑性的表现形式、机理，可塑性的适应意义和可塑性与遗传变异性之间的关系等都是物种生物学或进化生物学关注和争论的热点。研究性状的可塑性对评估性状的分类学价值具有不可忽视的作用（葛颂等，1994）。任何表型性状的变异既受遗传因子控制又受环境条件影响，在一个高度可塑性状上出现的差异往往是环境条件引起的，并不是真正遗传关系的体现，这样的性状分类价值不大（Davis，1996）。如长须银柴胡复合体中，以往起着检索作用的几个性状都是高度可塑的。虽然可塑性大的性状分类价值不大，但"可能正是那些分类上无用的性状在决定有机体生存方面担负着主要作用"（Harper，1979）。许多可塑性响应具有适应上的意义（Grant，1996），表型适变能保护生物个体免受不利环境影响，对不利环境的选择有一种缓冲作用（Grant，1996）。环境中主导因子的选择作用筛选出最适应特定生境的生物型，而选择性地清除掉不适应的生物型，结果就产生了遗传上适应了的、可传代的生态居群，即生态型。它是基因型与环境长期互相作用的产物（Turesson，1922）。

度量遗传变异的形态学性状主要有两类：一是符合孟德尔遗传规律的单基因性状，如质量形态性状、稀有突变等；另一类是由多基因决定的数量性状，如大多数形态性状和生活史性状等（葛颂等，1994）。因此，研究自然生态条件下物种形态性状的变异是进化生物学研究的重要内容（Turesson，1922；Stebbins，1950；Ford，1954；Endler，1977，1986；Linhart et al.，1996）。表型可塑性是物种在复杂环境中产生一系列相对适合的不同表现型潜能（Dong et al.，1994；Dewitt et al.，1998；罗学刚等，2001），是指同一个基因型对不同环境应答而产生不同表型的特性（Bradshaw，1965；Pigliucci，2001）。可塑性是表型进化的一个基本特点（Schlichting et al.，1998）。表型可塑性在生物界中普遍存在，许多生物类群中都有报道，如陆生植物、藻类、地衣、海洋无脊椎动物、昆虫、鱼类、两栖类、爬行类和小型哺乳类等（Sultan，1995；Pigliucci，2001）。植物巨大的表型可塑性是在可变环境中最大适合度的功能反应（Colema et al.，1994），是植物对外界胁迫所呈现的可塑表型反应，是行为生态学的另一个重要内容（钟章成等，2001）。形态可塑性是遗传可塑性随基因、年龄的变化，反映了居群内发生的微进化（Cheplick，1995；Evans，1995）。

植物形态特征变异有其自身遗传基础，受遗传与环境、结构基因与调控基因等的综合作用，形态特征变化常作为遗传变异的表征（Brochmann et al.，1992）。表型多样性主要研究物种在分布区各种环境下的表型变异，是遗传多样性与环境多样性的综合体现，是生物多样性与生物系统学研究的重要内容（阎爱民等，1999）。越来越多的证据表明，表型可塑性具有独立的遗传基础，并且可以承受选择而独立地进化（Scheiner，1993；Pigliucci，2001）。表型可塑性和遗传分化（包括生态型分化）是生物适应异质生境的两种主要方式（Sultan，1995；Schlichting et al.，1998）。表型可塑性使物种具有更宽生态幅和更好耐受性，可以占据更加广阔的地理范围和更加多样化的生境，即成为生态位理论中的广幅种（Sultan，1995）。遗传多样性高的物种在相似环境条件下可能表现出丰富的表型变化，而遗传基础相对单一的物种也可能由于环境变化而产生表型变化（Wang et al.，1999）。种下变异是居群和个体在时空中发展、变化的产物，是物种形成与进化的基础。对居群内和居群间的变异式样和变异规律进行深入研究，将为我们更加全面准确地理解种内个体所表现出的形态差异，进而揭示物种形成与进化机制提供帮助（杨继，1991），同时还可为种下等级划分和种的界定提供依据（张莉俊等，2005）。

在不同环境条件下，植物形态结构调整是对环境变化的重要生态适应性反应。叶片是植物进行光合作用和蒸腾作用的重要器官。光合产物是植物生长、发育和繁殖的物质和能量基础，也是生态系统生产力的基础，而植物叶片表面形态及其内部结构则直接影响植物的生理生态功能，进而影响生态系统生产力。过去对不同植物种类叶片结构的比较研究较多，而对同种植物在不同生境条件下变化的研究相对较少。其中包括生态生理和解剖学性状在内的表型变异均是表型可塑性的结果，而叶片形态等特征则可能有确定的遗传基础，并且表现出对特定环境的适应（Cordell et al.，1998）。强大的表型可塑性使得遗传多样性很低的大米草（*Sartina anglica*）能够在不同演替阶段群落中立足，占据不同发育阶段的滩涂，而且同质种植园和交互移植实验证实，这种表型变异不是遗传分化的结果，而是来源于表型可塑性（Thompson et al.，1991a，1991b，1991c）。

表型可塑性是同种基因型在明显不同环境下产生不同表型的能力，是该基因型的一种基本特征（Schmalhausen，1949；Pigliucci，1997）。植物的表型可塑性是植物适应空间异质性和暂时环境变化的一种重要因素（Bradshaw，1965；Schlichting，1986；Sultan，1987）。表型特征通常是指对叶形态和其他生长性状的研究，其中叶形态是相当重要的一个性状，因其与植物营养和其他生理、生物与非生物因子以及植物的繁殖密切相关（Sheldon et al.，1990）。对 6 个拂子草（*Calamagrostis epigejos*）居群的研究表明，叶片长度和宽度具有较高的表型可塑性（Cornelia et al.，2005）。

因此，根据连香树在我国现有分布情况，本书研究选择叶片的 6 个形态指标，试图通过对有代表性的新宁、长阳、济源、峨眉、金寨、巴东和宝兴等 7 个居群叶片可塑性特征研究，探讨连香树居群内和居群间的表型变化特征，为探讨其适应异质环境以及居群扩展和其他保育生物学研究提供基础资料。

3.1 材料与方法

3.1.1 样品的采集

在连香树分布范围内,选择经纬度差异较大、有代表性的新宁、长阳、济源、峨眉、金寨、巴东和宝兴等 9 个居群作为采样地。每个样地采集 30 个个体,每个个体在树冠中部采集 30 片生长成熟且无病虫危害和破损的完整叶片,各居群叶片分别用标签编号,标本夹固定,干吸水纸分隔,压好后带回实验室。

3.1.2 样品测算

每叶片样品测算其叶长、叶宽、叶柄长、侧脉数、基宽距(叶片最宽处至叶基部的距离)(图 3-1)、叶基角(叶片基部张开的角度),并分居群列表登记。

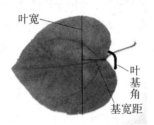

图 3-1 叶片的部分测量因子示意图

3.1.3 数据处理方法

3.1.3.1 *方差分析*

对测定的数据进行方差分析:方差分析的条件为各样本间服从正态分布,各样本是独立且随机的,各样本空间的方差大致一致,则

$$S^2 = \frac{\sum \left(X - \bar{X} \right)^2}{N-1},$$

$$F = \frac{S_b{}^2}{S_w{}^2}, \quad S_b{}^2 = \frac{SS_b}{df_b}, \quad S_w{}^2 = \frac{SS_w}{df_w},$$

$$SS_b = \sum\sum X^2 - \frac{\left(\sum\sum X\right)^2}{N},$$

$$SS_w = \sum\sum X^2 - \frac{\left(\sum\sum X\right)^2}{N},$$

式中：S^2 为方差；N 为样本总数；$N-1$ 为自由度；X 为样本观测值；$\bar{X}$ 为样本观测值的平均值，b 代表组间，w 代表组内，$F > 1$ 表示平均数之间有显著性差异存在。S_b^2 为组间方差无偏估计数，S_w^2 为组内方差无偏估计数，SS_w 为组内离均差平方和，SS_b 为组间离均差平方和，df_b 为组间自由度，df_w 为组内自由度。

用 SPSS 软件分别居群各因子进行单因素方差分析后，对研究的所有居群分别不同因子进行单因素方差分析，并分别绘出均值分布图。

3.1.3.2　聚类分析

聚类分析（Cluster analysis）又称群分析，是研究如何将客观事物合理分类的一种数学方法。根据事物本身特性对被研究对象进行分类，使同一类个体有较大相似性，不同类个体有较大差异。本书研究采用系统聚类法（Hierarchical cluster）对变量进行聚类。即将所有 n 个变量（变量可为连续或分类变量）看成不同的 n 类，然后将性质最接近（距离最近）的两类合并为一类，再从这（$n-1$）类中找到最接近的两类加以合并，以此类推，直到所有的变量被合为一类。

用 SPSS 软件分别对居群各因子进行聚类分析后，对研究的所有居群不同因子进行聚类分析，并分别绘出系统树状图。

3.2　结果与分析

3.2.1　叶片形态的方差分析

各居群内及被调查连香树总体中，叶片形态的单因素方差分析结果见表 3-1（由于数据太多，如果列出则远远超过本书的篇幅，故未列出原始数据）。

结果表明，除金寨居群个体叶片中侧脉间没有差别外，其余各居群个体叶片和总体个体叶片各形态指标调查因子均存在显著差异。在 $P \approx 0$、$\alpha = 0.05$ 的情况下，侧脉以总体个体的 F 值最大，其次是宝兴居群，基宽距以济源居群的 F 值最大，叶长、叶宽、叶柄长、叶基角均以总体的 F 值最大。在各因素中，连香树的 F 值以叶长最大，其后依次为叶基角、叶宽、侧脉、叶柄长和基宽距。表明连香树叶长在各居群间的差异最显著，叶柄长和基宽距的差异显著性最小。

表 3-1 叶片的单因素方差分析

因子	指标	巴东	长阳	宝兴	新宁	济源	峨眉	金寨	总体
侧脉	F 值	14.148	16.958	37.921	15.496	11.588	4.167	0.000	47.209
	P 值	0.000	0.000	0.000	0.000	0.000	0.046	0.000	0.000
基宽距	F 值	26.875	9.674	21.234	3.418	38.893	0.059	4.707	24.264
	P 值	0.000	0.000	0.00.	0.000	0.000	0.810	0.011	0.000
叶长	F 值	44.502	14.463	38.639	7.966	37.915	5.552	21.055	88.194
	P 值	0.000	0.000	0.000	0.000	0.000	0.022	0.000	0.000
叶宽	F 值	25.467	24.355	17.965	7.127	33.442	7.991	18.725	54.503
	P 值	0.000	0.000	0.000	0.000	0.000	0.006	0.000	0.000
叶柄长	F 值	16.046	8.178	17.412	18.621	13.582	10.779	6.726	39.072
	P 值	0.000	0.000	0.000	0.000	0.000	0.002	0.002	0.000
叶基角	F 值	36.972	15.593	28.451	36.573	27.964	4.886	75.619	66.539
	P 值	0.000	0.000	0.000	0.000	0.000	0.031	0.000	0.000

注：方差分析按 $\alpha = 0.05$ 拒绝检验假设进行。

由于环境的差异，各因子在不同居群中的变化差异较大。对于侧脉因子，各居群内变化最大的是宝兴居群，F 值为 37.921，其大小排序是宝兴 > 长阳 > 新宁 > 巴东 > 济源 > 峨眉 > 金寨。基宽距变化最大的是济源居群，F 值为 38.893，其排序是济源 > 巴东 > 宝兴 > 长阳金寨 > 新宁 > 峨眉。叶长变化最显著的是巴东居群，F 值为 44.502，其排序为巴东 > 宝兴 > 济源 > 金寨 > 长阳 > 新宁 > 峨眉。叶宽变化最大的是济源居群，F 值为 33.442，其排序为济源 > 巴东 > 长阳 > 金寨 > 宝兴 > 峨眉 > 新宁。叶柄长变化最显著的是新宁居群，F 值为 18.621，其排序为新宁 > 宝兴 > 巴东 > 济源 > 峨眉 > 长阳 > 金寨。叶基角变化最大的是金寨居群，F 值为 75.619，其排序为金寨 > 巴东 > 新宁 > 宝兴 > 济源 > 长阳 > 峨眉。

方差分析结果中，各因子平均值分布不同，在居群内也有差异。仅以济源居群为例，说明各因子在居群内的变化。各因子平均值在所研究连香树整体中的分布变化见图 3-2 至图 3-13（横坐标为个体编号）。

图 3-2 表明，济源居群连香树侧脉的平均值分布主要为 7，只有极少数叶片侧脉少于 7，因此，该居群内侧脉因子分化不明显。图 3-3 表明，济源居群叶片基宽距平均值分布以 1.4 cm 为主，只有少数叶片基宽距在 1.4 cm 上下波动。图 3-4 表明，济源居群叶片长度平均值分布主要在 4 ~ 5 cm，只有少数叶片长度在其上下波动。图 3-5 表明，济源居群叶片宽度平均值分布主要在 5 ~ 6 cm，少数在其上下波动，总体呈正态分布趋势。图 3-6 表明，济源居群连香树叶片的平均叶柄长主要分布在 2.2 ~ 2.8 cm，只有少数在其左右偏离。图 3-7 表明，济源居群叶基角平均值分布主要为 60° ~ 100°，只有少数在其上下波动。用 SPSS 软件对连香树调查总体（即被调查的所有居群）进行方差分析，自动生成的结果见图 3-8。图 3-8 表明，连香树侧脉平均值分布于两个主要区域，即平均值为 5.5 左右和 7 左右，其中以平均值为 7 占优势。图 3-9 表明，连香树基宽距平均值分布主要在 1.2 ~ 1.7 cm，只有少数的平均值分布在 2 cm 及 1 cm 左右，总体差异明显。图 3-10 表明，连香树叶长平均值分布在 4 ~ 5 cm，只有少数偏离其左右。图 3-11 表明，连香树叶宽平均值分布 3.5 ~ 7 cm，其中主要集中在 5 ~ 6 cm。图 3-12 表明，连香树叶柄长变化明显，平均值主要分布在 1.5 ~ 3 cm，并以 2 cm 左右为最多分布。图 3-13 表明，连香树叶基角平均值分布在 40° ~ 160° 变动，其中以在 80° 和 120° 的分布较多。

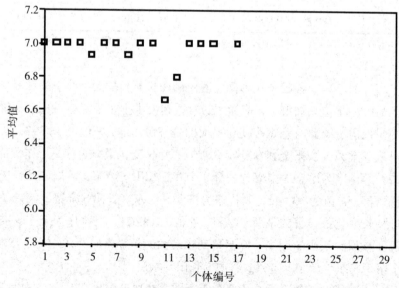

图 3-2　济源居群连香树侧脉平均值分布

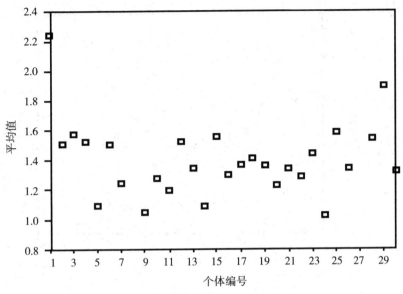

图 3-3 济源居群基宽距平均值分布

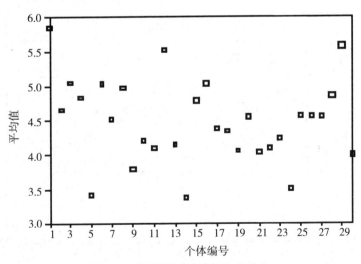

图 3-4 济源居群叶长平均值分布

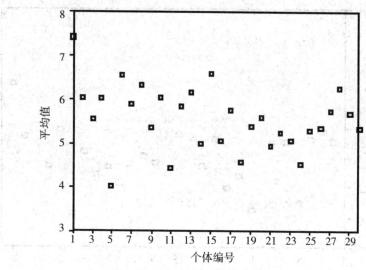

图3-5 济源居群叶宽平均值分布

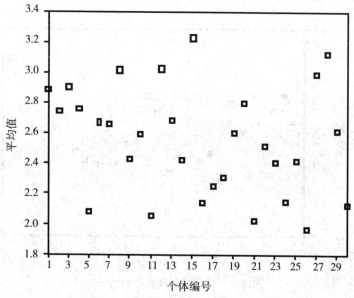

图3-6 济源居群叶柄长平均值分布

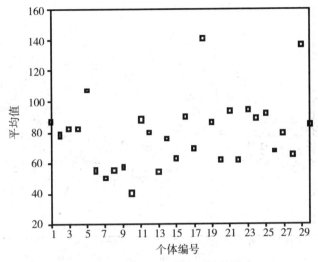

图 3-7　济源居群叶基角平均值分布

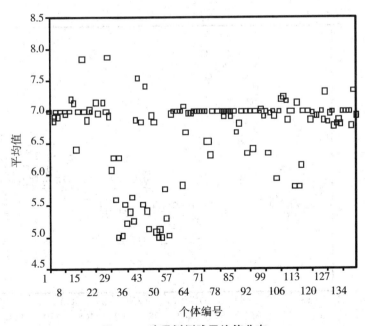

图 3-8　连香树侧脉平均值分布

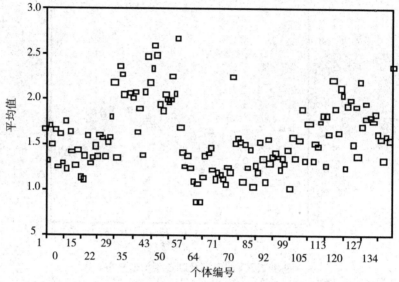

图 3-9　连香树基宽距平均值分布

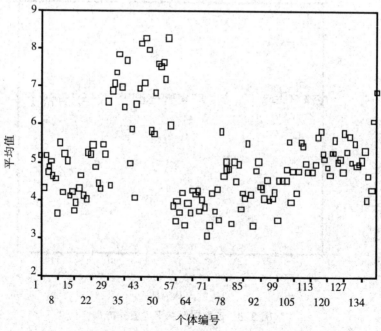

图 3-10　连香树叶长平均值分布

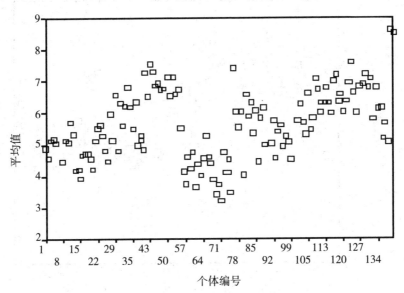

图 3-11　连香树叶宽平均值分布

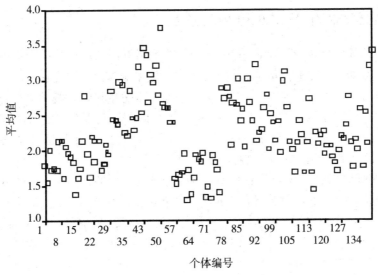

图 3-12　连香树叶柄长平均值分布

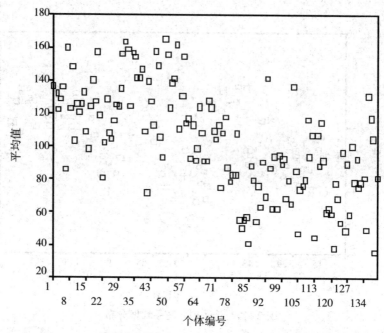

图 3-13　连香树叶基角平均值分布（横坐标为个体编号）

3.2.2　各居群内叶片形态的初步聚类分析

　　根据叶片的各调查因子，用 SPSS 软件将各居群内及调查总体的个体初步聚类为不同的类别，具体聚类类别数量见表 3-2。根据侧脉因子的变化，巴东居群的个体可聚类为 3 个类别，宝兴、长阳、新宁、济源也分别可以聚类为 3 个类别，而所有居群的个体根据侧脉的变化则可以聚类为 4 个类别。同样，根据基宽距、叶长、叶宽、叶柄长、叶基角的变化，也可聚类为不同的类别。其中济源居群 30 个个体叶片各因子的聚类分析图见图 3-14 至图 3-19。

　　济源侧脉聚类分析表明，依侧脉个体可划分为三大类，其中，个体 16，18，29 可归为一类；个体 25 的侧脉具有特异性，可单独划分为一类；其余个体可归为一类，但 28，23，8，5 和 22 个体关系密切，可再归为一小类，个体 1，2，3，4，6，7，9，10，13，14，15，17，19，20，21，24，27，30 关系更密切，可分为另一小类。

　　济源基宽距聚类分析表明，依基宽距个体可划分为两大类。其中，个体 1，29 为一大类，其余各个体为一大类。个体 16 在本大类中具有特异性，可从中再分为一小类；个体 2，15，6，12，8，3，27，4，28，23，18，25 可再分为一小类，本大类中的其余个体可分为另一小类。

表3-2　聚类分析类别数量表

类别数	巴东	宝兴	长阳	新宁	济源	总体
侧脉	3	3	3	3	3	4
基宽距	3	4	4	3	2	3
叶长	3	4	4	4	3	4
叶宽	3	4	4	3	3	4
叶柄长	3	4	3	4	3	3
叶基角	4	4	4	4	3	4

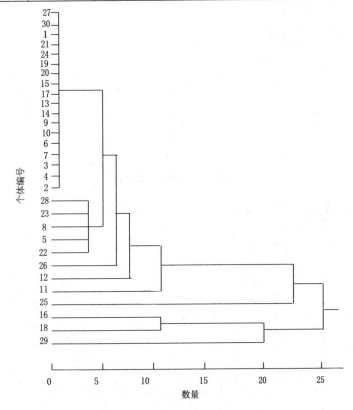

图3-14　侧脉的系统树

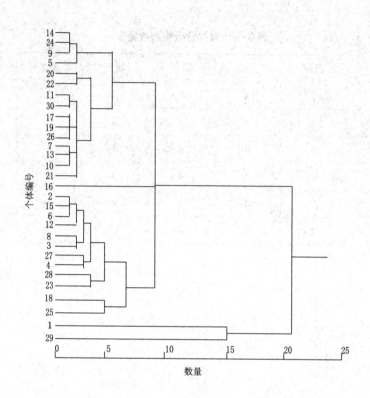

图 3-15 基宽距的系统树

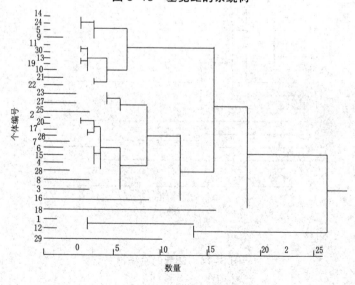

图 3-16 叶长的系统树

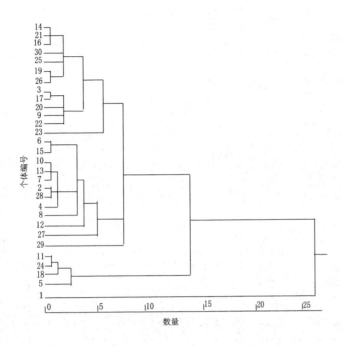

图 3-17 叶宽的系统树

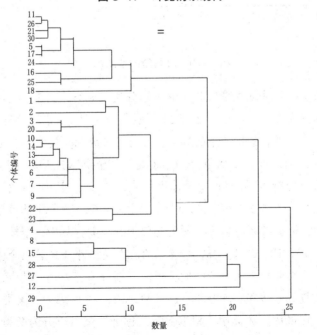

图 3-18 叶柄长的系统树

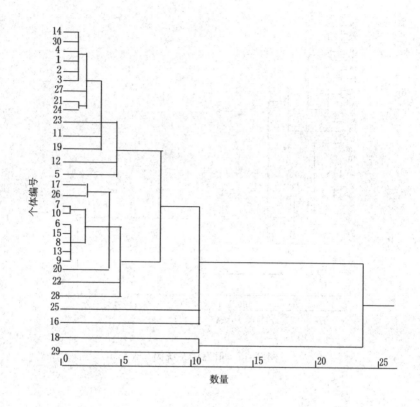

图 3-19　叶基角的系统树

济源叶长聚类分析表明，依叶长个体可划分为三大类。其中，个体 18 具有特异性，可单独划为一大类，个体 1，12 和 29 可划分为一大类，其余个体可划分为另一大类。在最后一大类中，根据关系的远近，又可再分为两小类，个体 14，24，5，9，11，30，13，19，10，21，22 可划分为一小类，其余个体分为另一小类。

济源叶宽聚类分析表明，依叶宽个体可划分为三大类。其中，个体 1 具有特异性，可单独划为一大类，个体 5，18，24，11 可划为一大类，其余个体可划分为一大类。在最后一大类中，根据关系的远近，又可再分为三小类，其中，个体 29 单独为一小类；个体 6，15，13，10，7，2，28，4，8，12，27 为一小类，其余个体为另一小类。

济源叶柄长聚类分析表明，依叶柄长个体可划分为三大类。其中，个体 29 具有特异性，可单独划为一大类，个体 8，15，28，12，27 可划为一大类，其余个体可划分为一大类。在最后一大类中，根据关系的远近，又可再分为两类，其中，个体 11，26，21，30，5，17，24，16，25，18 可分为一类。

济源叶基角聚类分析表明，依叶基角个体可划分为三大类。其中，个体18和29可划分为一类，个体16，25可划分为一类，其余个体为一类。在最后一类中，根据关系的远近，又可再分为两小类，其中，个体17，26，7，10，6，15，8，13，9，20，22，28可划分为一小类，其余个体为另一小类。

3.2.3 各居群间叶片形态的初步聚类分析

用SPSS软件对居群间各因子进行聚类分析，得到各因子的距离矩阵和系统聚类树状图。其中，侧脉的距离矩阵见表3-3，连香树侧脉的系统树见图3-20。

侧脉聚类分析结果表明：金寨和户县居群的距离最近，为60；其次是金寨与巴东居群间距离为181。宝兴和歙县居群的距离最远，为3 546；其次是宝兴与巴东居群间距离为2 549。居群最远距离是最近距离的59倍，居群间差异显著。

根据侧脉聚类结果，连香树可初步划分为三种生态型，其中，宝兴居群为一种生态型，歙县居群为一种生态型，金寨、户县、巴东、峨眉、济源和长阳居群为一种生态型。

基宽距的系统聚类结果表明：巴东和歙县居群的距离最近，为127.2；其次是峨眉与金寨居群，距离为127.7。户县和新宁居群的距离最远，为974.3；其次是户县和济源居群，距离为966.5。居群最远距离是最近距离的7.7倍左右，居群间基宽距差异显著。

表3-3 连香树侧脉的距离矩阵

居群	巴东	宝兴	长阳	济源	新宁	金寨	峨眉	歙县	户县
巴东	****	2 549	451	463	528	181	382	757	237
宝兴	2 549	****	2 096	2 254	2 241	2 254	2 213	3 546	2 170
长阳	451	2 096	****	490	569	270	429	950	312
济源	463	2 254	490	****	557	238	401	906	282
新宁	528	2 241	569	557	****	335	512	1 059	387
金寨	181	2 254	270	238	335	****	195	600	60
峨眉	382	2 213	429	401	512	195	****	915	255

续　表

居群	巴东	宝兴	长阳	济源	新宁	金寨	峨眉	歙县	户县
歙县	757	3 546	950	906	1 059	600	915	****	660
户县	237	2 170	312	282	387	60	255	660	****

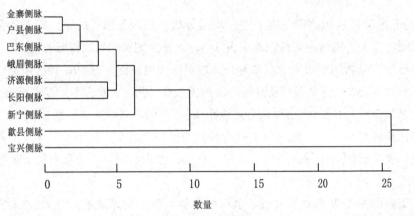

图 3-20　连香树侧脉的系统树

根据基宽距聚类结果，连香树可初步划分为三个生态型，其中，新宁居群为一种生态型，宝兴和户县居群为一种生态型，巴东、歙县、金寨、峨眉、长阳和济源居群为一种生态型。连香树基宽距的距离矩阵见表 3-4，连香树基宽距的系统树见图 3-21。

表 3-4　连香树基宽距的距离矩阵

居群	巴东	宝兴	长阳	济源	新宁	金寨	峨眉	歙县	户县
巴东	****	586.6	160.1	154.6	703.6	137	136.2	127.2	845.6
宝兴	586.6	****	909.3	720.6	891.1	557.5	492.8	521.3	385.9
长阳	160.1	909.3	****	152.8	843.9	181.8	223.2	203.4	1241.7
济源	154.6	720.6	152.8	****	789	152.8	173.3	174.7	966.5
新宁	703.6	891.1	843.9	789	****	683.5	660.7	671.6	974.3
金寨	137	557.5	181.8	152.8	683.5	****	127.7	128.1	779.8

续　表

居群	巴东	宝兴	长阳	济源	新宁	金寨	峨眉	歙县	户县
峨眉	136.2	492.8	223.2	173.3	660.7	127.7	****	151.7	682.1
歙县	127.2	521.3	203.4	174.7	671.6	128.1	151.7	****	781.5
户县	845.6	385.9	1241.7	966.5	974.3	779.8	682.1	781.5	****

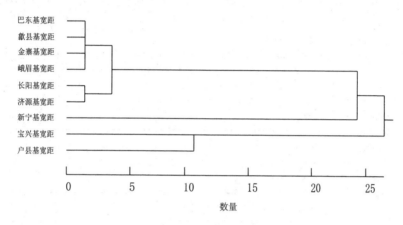

图 3-21　连香树基宽距的系统树

叶长的系统聚类结果表明：巴东和峨眉居群的距离最近，为 790；其次是峨眉和济源居群，距离为 888。宝兴和长阳居群的距离最远，为 9 962；其次是户县和长阳居群，8 965。居群最远距离是最近距离的 12.6 倍，居群间差异显著。

根据叶长聚类结果，连香树可初步划分为三个生态型，其中，宝兴、户县、歙县居群为一个生态型，新宁和金寨居群为一个生态型，巴东、长阳、峨眉和济源居群为一个生态型。连香树叶长的距离矩阵见表 3-5，连香树叶长的系统树见图 3-22。

表 3-5　连香树叶长的距离矩阵

居群	巴东	宝兴	长阳	济源	新宁	金寨	峨眉	歙县	户县
巴东	****	6 180	1 264	1 040	1 204	1 375	790	2 793	5 124
宝兴	6 180	****	9 962	7 455	4 860	6 122	6 837	2 662	2 177
长阳	1 264	9 962	****	1 353	2 357	1 835	991	5 424	8 965

续　表

居群	巴东	宝兴	长阳	济源	新宁	金寨	峨眉	歙县	户县
济源	1 040	7 455	1 353	****	1 624	1 382	888	3 586	6 053
新宁	1 204	4 860	2 357	1 624	****	1 430	1 347	2 203	3 771
金寨	1 375	6 122	1 835	1 382	1 430	****	1 192	2 864	4 910
峨眉	790	6 837	991	888	1 347	1 192	****	3 421	5 874
歙县	2 793	2 662	5 424	3 586	2 203	2 864	3 241	****	1 792
户县	5 124	2 177	8 965	6 053	3 771	4 910	5 874	1 792	****

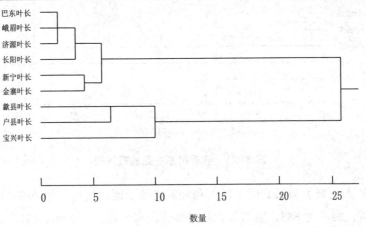

图 3-22　连香树叶长的系统树

叶宽的系统聚类结果表明：长阳和巴东居群的距离最近，为 1 130；其次是峨眉和巴东居群的距离，为 1 215。歙县和长阳居群的距离最远，为 18 795；其次是户县和长阳居群，距离为 17 703。居群最远距离是最近距离的 16.6 倍，居群间差异显著。连香树叶宽的距离矩阵见表 3-6，连香树叶宽的系统树见图 3-23。

表 3-6　连香树叶宽的距离矩阵

居群	巴东	宝兴	长阳	济源	新宁	金寨	峨眉	歙县	户县
巴东	****	3 859	1 130	1 859	3 922	1 749	1 215	13 811	12 750
宝兴	3 859	****	6 175	2 848	2 383	2 144	2 794	6 843	6 173

续　表

居群	巴东	宝兴	长阳	济源	新宁	金寨	峨眉	歙县	户县
长阳	1 130	6 175	****	3 088	6 519	3 375	2 244	18 795	17 703
济源	1 859	2 848	3 088	****	3 052	1 362	1 450	10 322	9 115
新宁	3 922	1 383	6 519	3 052	****	2 152	3 082	5 769	4 922
金寨	1 749	2 144	3 375	1 362	2 152	****	1 367	8 687	7 628
峨眉	1 215	2 794	2 244	1 450	3 082	1 367	****	10 970	10 362
歙县	13 811	6 843	18 795	10 322	5 769	8 687	10 970	****	1 809
户县	12 750	6 173	17 703	9 115	49 22	7 628	10 362	1 809	****

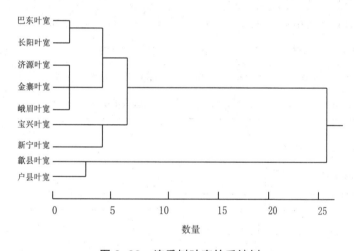

图 3-23　连香树叶宽的系统树

　　根据叶宽聚类结果，连香树可初步划分为三个生态型，其中，歙县和户县居群可以划分为一个生态型，新宁和宝兴居群可以划分为一个生态型，而巴东、长阳、济源、金寨和峨眉居群可以划分为一个生态型。

　　叶柄长的系统聚类结果表明：长阳和巴东居群的距离最近，为363；其次是新宁和巴东居群，其距离为394。户县和长阳居群的距离最远，为3 157；其次为歙县和长阳居群，其距离为2 766。居群最远距离是最近距离的8.7倍，居群间差异显著。

　　根据叶柄长聚类结果，连香树可初步划分为三个生态型，其中，户县和歙县居群可以划分为一个生态型，宝兴和济源居群可以划分为一个生态型，巴东、长阳、新宁、金寨和峨眉居群可以划分为一个生态型。连香树叶柄长的距离矩阵见表3-7，连香树叶柄长的系统树见图3-24。

表 3-7　连香树叶柄长的距离矩阵

居群	巴东	宝兴	长阳	济源	新宁	金寨	峨眉	歙县	户县
巴东	****	1 252	363	914	394	514	591	2 153	2 459
宝兴	1 252	****	1 665	742	1 045	1 018	789	970	936
长阳	363	1 665	****	1 264	491	623	792	2 766	3 157
济源	914	742	1 264	****	728	799	658	1 294	1 202
新宁	394	1 045	491	728	****	411	530	1 883	2 064
金寨	514	1 018	623	799	411	****	578	1 757	1 919
峨眉	591	789	792	658	530	578	****	1 456	1 527
歙县	2 153	970	2 766	1 294	1 883	1 757	1 456	****	677
户县	2 459	936	3 157	1 202	2 064	1 919	1 527	677	****

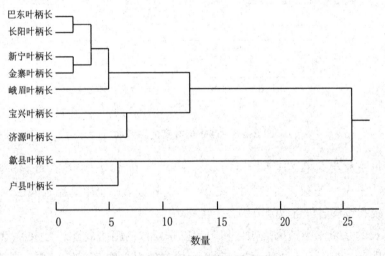

图 3-24　连香树叶柄长的系统树

叶基角的系统聚类结果表明：巴东居群和峨眉居群的距离最近，为997；新宁居群和户县居群的距离次之，为1 073；歙县和宝兴的距离最远，为10 155；居群最远距离是最近距离的10.2倍,居群间差异显著。连香树叶基角的距离矩阵见表3-8,连香树叶基角的系统树见图3-25。

表3-8 连香树叶基角的距离矩阵

居群	巴东	宝兴	长阳	济源	新宁	金寨	峨眉	歙县	户县
巴东	****	1 723	1 555	3 115	3 069	3 101	997	7 448	2 405
宝兴	1 723	****	2 238	4 679	4 728	4 547	2 053	10 155	4 072
长阳	1 555	2 238	****	3 217	3 332	3 145	1 369	6 986	2 393
济源	3 115	4 679	3 217	****	1 799	2 237	2 165	2 693	1 264
新宁	3 069	4 728	3 332	1 799	****	2 188	2 138	2 370	1 073
金寨	3 101	4 547	3 145	2 237	2 188	****	2 299	3 685	1 555
峨眉	997	2 053	1 369	2 165	2 138	2 299	****	5 612	1 558
歙县	7 448	10 155	6 986	2 693	2 370	3 685	5 612	****	2 213
户县	2 405	4 072	2 393	1 264	1 073	1 555	1 558	2 213	****

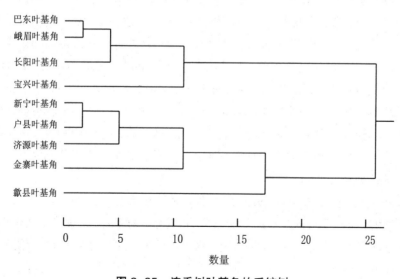

图3-25 连香树叶基角的系统树

根据叶基角聚类结果,连香树可初步划分为两个生态型,巴东、峨眉、长阳、宝兴四个居群可以划分为一个大的生态型,新宁、户县、济源、金寨和歙县五个居群可以划分为另一个生态型。在巴东等居群的生态型中，宝兴居群和其他三个居群的距离较远。而在新宁等居群的生态型中，歙县和金寨居群与其他三个居群的距离较远。

3.3 讨论与结论

物种在自然界存在的基本形式是居群，而不是个体。所有个体、单态体都只能反映它们所代表物种的一个部分、一个特例或一个阶段，即一个表型单元（同号文，1995）。形态种是从形态结构方面来判别物种。根据表型的变化，物种可分为多态型（polymorphic species）和单态型（monomorphic species）。多态型是指在一个居群中同时出现几个不连续的表型或基因型。亚种（subspecies）是指种下表征相似居群的集合，分布在该种分布范围内的某一地区，与本种内的其他居群有差异，是为了分类方便而建立的单元，而不是演化单元（Mayr，1969）。亚种往往是地理性的，即地理亚种（geographical subspecies）。变种（variety）是在一个种内，如果有些个体与种的规范有些许微妙区别，它们就可被视为变种，变种还可分为亚变种（subvariety）。变种在植物分类中，一般用以区分居群内部的不连续变体。在同一居群内部，也存在极大的形态、生理及功能的差异（同号文，1995）。按现代生物进化理论，多型种概念是符合客观实际的，因为自然界的物种形成很多是通过地理隔离而产生地方宗（local race）、地理宗和地理亚种[即异域的半种（allopatric semispecies）]的阶段，最后才分裂成不同的种，即生物学种（biological species）（Grant，1985）。从宗和亚种到种是生物渐进式物种形成（gradual speciation）的一个漫长和连续的进化过程。从这个意义上讲，亚种和种之间的界限不是截然的，它标志着物种发育的不同年龄阶段。可是，就地球历史的每一特定时期而言，种、亚种和宗都是同时存在而且可以区别的（徐炳声，1998）。

表型可塑性（phenotypic plasticity），又称环境饰变（environmental modification），是同一基因型由于环境条件的改变在表型上做出相应变化的能力。高度可塑性状上出现的差异往往是环境条件引起，并不是真正遗传关系的体现，这样的性状分类价值不大（徐炳声，1986）。酸模叶蓼在植株高度和茎节膨大程度这两个性状上均高度可塑，不能作为分类的依据，而叶下面被毛这一性状也不十分稳定，与无毛的类型之间存在过渡现象，难以区分。因此，将根据上述特征分出的空头蓼和柳叶蓼进行归并，作为酸模叶蓼的异名处理（杨继等，1991）。同样原因进行归并的植物还有长果婆婆纳（*Veronica ciliata* Fisch.）复合体（洪德元，1978），庭藤（*Indigofera decora* Lindl.）复合体（徐炳声等，1983）和山野豌豆（*Vicia amoena* Fisch.）多倍体复合体（李瑞军等，1991）。

成种作用实际上是相互隔离的居群之间遗传趋异的副产物（Minelli，1993）。成种作用的最终目的是达到生殖隔离，但能产生（引起）生殖隔离的途径很多（Wright，1982）。地理隔离只是外因之一，其主要作用是阻止基因交流（但并不能完全隔断基因交流，只能减少基因交流），使生物发生分异，并使分异持续发展。至于生殖隔离，并非成种作用的原因，而是结果。基因重组既是成种作用的原因，也是成种作用的结果（同号文，1997）。对物种身份的分类学判断，很大程度上是在估量居群的界限和组成，而模式标本仅仅是命名上的一个参考点（Davis et al.，1963）。居群概念有助于我们正确对待单份标本（包括模式标本在内）的分类学价值（陈家宽等，1986），把它们视为众多标本中的一员而不给予特别待遇。模式标本仅在命名上具有独特的作用，但在划分类群时，它和任何标本都是等价的（徐炳声，1998）。现今欧美和我国许多分类学家所遵循的，是林奈、边沁（Benthem）和虎克（J. d. Hooker）采用的分种原则，强调形态间断和性状的相关差异。间断是指没有过渡类型（但不能绝对化），相关差异是指两个至多个性状的差异，其间彼此关联。遵循这两条原则划分的种易于鉴定，也比较实用（洪德元，1990）。按形态学标准划分的"分类学种"（taxonomical species）（或形态学种 morphological species）是分类和鉴定实践中一个有用的单位，也是国际上公认的动、植物分类中最基本的单位（Grant，1981）。

从形态学或表型性状上来检测遗传变异是最古老也是最简便易行的方法（葛颂等，1994）。在自然居群中，植物的大多数形态性状是多基因决定的数量性状，往往具有适应和进化意义，故对其进行研究可以更清楚地揭示植物与其环境之间的关系，有助于我们认识植物适应和进化的方式、机制及其影响因素，加深对自然选择、基因流和遗传漂变等进化因素的理解（葛颂等，1994；Schwaegerle et al.，1986；葛颂，1997）。同一物种的不同个体或居群之间存在着各种形式和程度不同的形态变异，这些变异往往是各种生物和非生物因子导致自然选择在强度和方向上差异的产物。生物因子包括居群结构和动态、交配系统以及与传粉者、食草动物、食种子动物的相互作用等（Grant et al.，1965；Faegri et al.，1978；Real，1983；Waser，1983；Hainsworth et al.，1984；Brody，1992；Proctor et al.，1996；Alexandersson et al.，2002）；非生物因子包括气候、土壤、营养和水分等（Clausen，1951；Stewart et al.，1987；Herrera，1993）。本书研究表明，除了金寨个体叶片中侧脉间没有差别外，其余各居群个体叶片和总体个体叶片各调查因子均存在显著差异。不同居群环境中生物因子和非生物因子组合状况不同，同一调查因子如叶长等在不同居群中变化显著程度差别明显。以此为基础进行的系统聚类分析是可行的，结果也是可信的。由于不同居群自然选择强度和方向的差异，不同调查因子在各居群中变异显著程度的大小顺序具有明显的差别。在同一居群内，根据 6 个形态指标的变化，不同个体样叶可分为不同类别。

一种植物的形态特征是长期适应进化的结果，通过个体水平的表型可塑性实现对异质环境的适应（Sultan，1995）。一方面，表型可塑性对选择作用具有缓冲效果，有利于遗传变异的保存，从而为进一步遗传分化积累素材；另一方面，可塑性的遗传变异又为其本身的进化提供了可能（耿宇鹏等，2004）。生态型分化是物种进化的基础，生态型研究不但可以分析植物种内生态适应形式，以及了解种内分化定型过程和原因，而且对研究物种进化有重要意义（骆世明，2001）。有学者认为，在不同纬度或经度地区生长的植物在形态、生理以及遗传特征等方面都有明显差别，可将纬度或经度差距大地区植物种内不同亚种及品种认为是不同生态型（Smith et al.，1998；Theunissen，1997）。而一些学者认为，可以根据海拔高度对植物进行生态型划分（Jung et al.，1998；Sanderson et al.，1996），并且在对水生植物的实验中得到了应用（Baric et al.，1999）。本研究中，由于经度、纬度和海拔高度的差异，叶长等调查因子在不同居群间不仅差异显著，而且在同一居群内波动幅度不同。根据各个形态调查因子在居群间的变化特点，相应地可以初步把连香树分为不同的生态型。根据侧脉、基宽距、叶长、叶宽、叶柄长分别可初步划分为各自不同的三种生态型，而根据叶基角，连香树可初步划分为两个生态型。

3.4 小结

（1）除金寨居群个体叶片中侧脉间没有差别外，其余各居群个体叶片和总体个体叶片各形态指标调查因子均存在显著差异，因此，相应的聚类分析结果是合理的；

（2）连香树侧脉平均值分布于两个主要区域，即平均值为 5.5 左右和 7 左右，其中以平均值为 7 占优势；

（3）基宽距平均值分布主要在 1.2 ~ 1.7 cm；

（4）叶长平均值分布在 4 ~ 5 cm；

（5）叶宽平均值分布在 3.5 ~ 7 cm；

（6）叶柄长平均值主要分布在 1.5 ~ 3 cm，并以 2 cm 左右分布最多；

（7）叶基角平均值分布在 40° ~ 150° 变动，其中以在 80° 和 120° 的分布较多；

（8）侧脉聚类分析结果表明，金寨和户县居群的距离最近，宝兴和歙县居群的距离最远，居群最远距离是最近距离的 59 倍，居群间差异显著；

（9）基宽距的系统聚类结果表明，巴东和歙县居群的距离最近，户县和新宁居群的距离最远，居群最远距离是最近距离的 7.7 倍左右，居群间基宽距差异显著；

（10）叶长的系统聚类结果表明，巴东和峨眉居群的距离最近，宝兴和长阳居群的距离最远，居群最远距离是最近距离的 12.6 倍，居群间差异显著；

（11）叶宽的系统聚类结果表明，长阳和巴东居群的距离最近，歙县和长阳居群的距离最远，居群最远距离是最近距离的 16.6 倍，居群间差异显著；

（12）叶柄长的系统聚类结果表明，长阳和巴东居群的距离最近，户县和长阳居群的距离最远，居群最远距离是最近距离的 8.7 倍，居群间差异显著；

（13）叶基角的系统聚类结果表明，巴东居群和峨眉居群的距离最近，歙县和宝兴的距离最远，居群最远距离是最近距离的 10.2 倍，居群间差异显著；

（14）在同一居群内，根据六个形态指标的变化，不同个体样叶可分为不同类别；

（15）根据侧脉、基宽距、叶长、叶宽、叶柄长，分别可初步将各居群划分为各自不同的三种生态型，而根据叶基角，连香树可初步划分为两个生态型。

第四章 连香树区系特征研究

植物区系指一定区域内所有植物种类的总和，是植物在现代生态地理和古代地理历史的综合作用下发展演化的结果（吴征镒等，1983）。同一植物区系的分布范围大体与具有某一特征的自然环境相联系，反映了其发展进程与古地理或现代自然条件间的关系（王荷生，1992）。对一个地区进行植物区系的研究，可以揭示该地区植物区系的组成、分布等重要信息，还能够促进该区域的植物保护及生态恢复（Raunkiaer，1934；Shannon et al.，1959）。植物区系是以植物种为单位集合起来的许多个体或居群的实体（孔华清等，2018）。其特点是在一定有限区域内植物种类组成的统一性，并且与其他具体植物区系有明显区别（王荷生，1992）。植物区系地理成分是根据植物种或其他分类单位的现代地理分布来划分的。了解一个地区植物区系基本特点，可以进一步认识该区的植物起源、分布及其环境变迁的关系，以及为植物资源的开发和利用提供理论依据（肖佳伟等，2017）。

4.1 群落区系研究方法及研究区概况

4.1.1 群落区系研究方法

在连香树分布范围内，选择经纬度差异较大、有代表性的安徽歙县、湖南新宁、湖北长阳、河南济源、四川峨眉、安徽金寨、湖北巴东和四川宝兴等 10 个地区的连香树群落作为其群落植物区系分析的调查样地。在每个连香树天然分布群落内，选择群落中具有代表性的地段，设置 10 个面积为 400 m²（20 m × 20 m）的样地，再将各样地分成 16 个面积为 25 m²（5 m × 5 m）的小样方，调查记录每个小样方内所有乔木、灌木和草本植物的种类、数量和多度、盖度、生活力等。本研究的植物区系地理成分分析，是根据吴征镒对中国种子植物属分为 15 个分布区类型和 31 个变型的分布区类型划分进行（吴征镒，1991，1993）。

4.1.2　各群落概况

4.1.2.1　四川宝兴连香树群落的自然条件

鹿井沟和赶羊沟连香树天然居群均位于四川省雅安市宝兴县境内的东拉山大峡谷，小地名分别为鹿井沟和赶羊沟，距成都 235 km，地处四川盆地向青藏高原的过渡地带，属龙门山脉、邛崃山脉南部的宝兴段，为川西峡谷地貌生态景观。地理坐标：东经 102°35.945′ 左右和 102°35.196′ 左右，北纬 30°24.597′ 左右和 30°25.341′ 左右。海拔 2 000 ~ 3 000 m。地质构造较为复杂，具有多期、多元、古老、纵深的特点，母岩主要有三叠纪、二叠纪、石炭纪的花岗岩、大理岩、玄武岩及砂页岩等。土壤种类主要有山地褐土、山地棕壤、山地暗棕壤、山地灰化土、亚高山草甸土、高山草甸土、高山寒漠土。pH 值为 4.1 ~ 8.3。

属亚热带季风湿润气候区，年均气温 14.1 ℃，无霜期 319 d，年降雨量 985.5 mm。地带性植被主要为落叶阔叶林和常绿针叶林，现有国家重点保护的珍贵树种珙桐（*Davidia involucrata*）、银杏、连香树、杜仲（*Eucommia ulmoides*）、云杉（*Picea asperata*）等 30 多种。

4.1.2.2　湖北巴东连香树群落的自然条件

巴东连香树居群位于神农架南坡的湖北省巴东县堆子场乡送子园村的瓦缸溪，海拔 1 400 ~ 1 580 m，年均气温 9 ℃左右，土壤为山地黄棕壤。神农架地处我国北亚热带向暖温带的过渡地段，区内山脉纵横，生境多样，是我国重要天然林区之一。神农架山脉位于湖北省西北部的长江上游北岸，居群的地理位置约为北纬 31°20.080′ 左右，东经 110°25.209′ 左右。神农架山脉的地质构造属于大巴山山脉褶皱带，为燕山运动所形成，以后屡经剥蚀会趋于平原化。由于喜马拉雅造山运动影响，形成很多断层，加上抬升运动和强烈的剥蚀侵蚀作用，形成现代山川交错、脊岭连绵、峡谷异常发育的地形。神农架山脉为大巴山山脉延伸的部分，略呈东西走向，而向东北部倾斜。南坡倾临长江三峡，最低海拔 200 m，最高峰为大神农架的神农顶，海拔 3 105 m。植被以温带分布属如槭属（*Acer*）、桦木属（*Betula*）、荚蒾属（*Viburnum*）、花楸属（*Sorbus*）、鹅耳枥属（*Carpinus*）、栎属（*Quercus*）等占明显优势，东亚分布属如水青树属（*Tetracentron*）、白辛树属（*Pterostyrax*）、棣棠属（*Kerria*）等次之。

4.1.2.3 湖南新宁连香树群落的自然条件

湖南省新宁县境内的连香树位于新宁县东南部，舜皇山自然保护区内。居群的地理位置为东经 110°59.468′ 左右，北纬 26°22.593′ 左右。该处山峦起伏，峻岭纵横，地形极为复杂。气候特点是多雨、高湿、温而而无酷暑严寒，这种特殊的气候为喜湿而不耐高温和严寒的连香树繁衍和栖息提供了适宜的生境条件。该连香树居群自然分布于海拔 1 000 ~ 1 200 m 的山谷溪流旁，立地环境荫蔽潮湿，林地相对湿度 85% 以上；土壤为花岗岩母质上发育的山地黄壤，土层浅薄，多侵蚀殆尽，基岩裸露（曹基武等，2002）。

所在地年平均气温 13 ℃，年平均降水量 1 600 mm，无霜期 240 d，≥ 10 ℃ 的积温 3 800℃，空气湿度 85%，1 月平均气温 –4 ℃，7 月平均气温 24 ℃，极端最低温度 –10 ℃，极端最高温度 30 ℃。

4.1.2.4 安徽金寨连香树群落的自然条件

金寨连香树天然居群位于安徽省金寨县天堂寨自然保护区内，北纬 31°08.071′ 左右，东经 115°46.982′ 左右。主峰海拔 1 729 m，为大别山第二高峰。该区属于北亚热带湿润季风气候，年均气温 12.3 ℃，一月平均气温 1 ~ 2 ℃，七月平均气温 14 ~ 15 ℃。光照时数约 2 000 h，有效积温（≥ 10 ℃）4 600 ℃左右。年均降水量 1 330 mm，相对湿度 70% ~ 80%，无霜期约 186 d（沈显生，1986，1995）。大别山南坡的地带性植被类型是亚热带常绿阔叶林，而地处北坡的天堂寨山区地带性植被类型为亚热带常绿、落叶阔叶混交林。土壤以山地黄棕壤为主，呈微酸性，成土母岩以花岗岩为主，夹杂有少量的片麻岩。

4.1.2.5 河南济源连香树群落的自然条件

济源连香树居群所在的太行山猕猴自然保护区位于太行山南端的南坡，地理位置是北纬 35°11.222′ 左右，东经 112°07.451′ 左右。平均海拔 600 ~ 1 200 m。海拔在 1 000 m 以上的主峰有天坛山（1 715 m），斗顶（1 955 m）。连香树居群所在的鳌背山（1 926.6 m），山势险峻，峭壁断崖林立，深沟狭谷随处可见。年均气温浅山区 13.5 ℃，深山区 9 ℃。年降水量 700 mm。无霜期 190 d。海拔 1 000 m 以上多为棕壤土，1 000 m 以下多为褐土。

4.1.2.6 湖北长阳连香树群落的自然条件

长阳连香树居群所在的长阳县都镇湾镇崩尖子槭树坪地处武陵山区,清江沿岸。地理位置为北纬30°16.674′左右,东经110°43.081′左右。海拔1 100 m左右。年平均气温15.5 ℃,年降水量1 400 ~ 1 600 mm。≥ 10 ℃的有效积温4 800 ~ 6 000 ℃,土壤pH值为4 ~ 6。母岩为花岗岩,土壤为山地黄棕壤。

4.1.2.7 四川峨眉连香树群落的自然条件

峨眉山连香树居群位于北纬29° 32.958′左右,东经103° 21.461′左右,海拔1 700 m左右。属中亚热带气候,气候温和,无霜期长,四季分明,年均气温16.5 ~ 17.7 ℃,年降水量832 ~ 1 555 mm,年日照时数952 ~ 1 294 h,无霜期303 ~ 333 d。其地带性土壤为黄壤。

4.1.2.8 陕西户县连香树群落的自然条件

户县连香树居群所在地属温带半湿润气候区,夏季温凉湿润,冬季寒冷干燥。地理位置为北纬33°49.947′左右,东经108°29.946′左右。海拔1 200左右。年均气温8 ~ 10 ℃,极端最高气温31.1 ℃,极端最低温度–1.6 ℃,年降水量850 ~ 950 mm,无霜期130 d。母岩为花岗岩,土壤为黄棕壤。

4.1.2.9 浙江天目山连香树群落的自然条件

天目山连香树居群所在的天目山国家级自然保护区位于浙江省西北部临安市境内,地理位置为北纬30°21.40′左右,东经119°25.86′左右,海拔550 m左右。保护区地处中亚热带北缘向北亚热带的过渡地带,气候温暖湿润,雨量充沛,光照宜人,地质古老,自然条件优越。自山麓(禅源寺)至仙人顶年平均气温14.8 ~ 8.8 ℃,最冷月为1月,平均气温3.4 ~ 2.6 ℃,极端最低气温–13.1 ~ 20.2 ℃。最热月为7月,平均气温28.1 ~ 19.9 ℃,极端最高气温38.2 ~ 29.1 ℃;≥ 10 ℃积温5 100 ~ 2 500 ℃;无霜期235 ~ 209 d;年均降水量1 390 ~ 1 870 mm;土壤以红壤、黄壤、棕黄壤为主。

4.1.2.10 安徽歙县连香树群落的自然条件

安徽歙县连香树居群的地理位置为北纬40°49.343′左右,东经124°33.526′左右,海拔700 m左右。属亚热带季风气候,水热条件良好,年平均气温7.8 ℃,最热月(7月)

平均气温 17.7 ℃，最冷月（1 月）平均气温 –3.1 ℃，年活动积温 5 002.4 ℃。年平均降水量 2 394.5 mm，年平均湿度 76%，全年无霜期 230 d 左右。母岩为花岗岩，土壤主要为山地黄壤。地带性植被为常绿落叶阔叶混交林。

4.2　结果与分析

植物群落的演替过程就是群落中物种组成不断发生变化、更替及群落环境中生化的过程（严岳鸿等，2004）。群落演替过程中的多样性特征是研究群落多样性时空动态规律的重要内容。分析植物群落的种属组成和地理成分是认识群落区系特征和生物多样性的首要基础，分析群落的区系组成特点和性质，对于认识群落特点和发生历史具有重要意义（朱锦懋等，1997）。本书对调查的连香树各天然居群作种子植物区系地理成分分析，依据吴征镒（1991，1993）对中国种子植物属的分布区类型划分分述如下。

4.2.1　宝兴连香树群落的区系特征

据 4 000 m² 样地统计，宝兴连香树群落共有种子植物 226 种（含变种），隶属于 116 属 58 科。其中裸子植物 4 科 4 属 5 种，被子植物 54 科 112 属 221 种。在被子植物中，单子叶植物 4 科 10 属 13 种，双子叶植物 50 科 102 属 208 种。含种数较多的科有壳斗科（Fagaceae）、槭树科（Aceraceae）、桦木科（Betulaceae）、杨柳科（Salicaceae）、毛茛科（Ranunculaceae）、水青树科、忍冬科（Caprifoliaceae）、桑科（Moraceae）、杜鹃花科（Ericaeae）等。区系地理成分起源古老，成分复杂，具有明显的由亚热带向温带过渡的特征。群落中属的分布区类型见表 4–1。

群落中除热带亚洲至热带大洋洲分布类型、温带亚洲分布类型、地中海、西亚至中亚分布类型、中亚分布类型外，其余 11 种分布类型均有分布。各种热带分布类型（2 ~ 7 类型）共计 20 个属，占总属数的 19.05%。其中，以泛热带分布（13 属）为主，占该分布类型的 65%。如粗齿冷水花（Pilea sinofasciata）、青皮木（Schoepfia jasminodora）等。各种温带分布类型（8 ~ 14 类型）共 81 属，占总属数的 77.14%。其中，以北温带分布类型（59 属）为主，占该分布类型的 72.84%。如川鄂柳（Salix fargesii）、胡桃（Juglans regia）、多脉鹅耳枥（Carpinus polyneura）等。其次为东亚分布（11 属）、东亚和北美间断分布（8 属），分别占该类型的 13.58% 和 9.88%。东亚分布类型如领春木（Euptelea pleiosperma）、水青树（Tetracentron *sinensie*）、云南双盾木（*Dipelta yunnanensis*）等。东亚和北美间断分布类型植物如华中五味子（*Schisandra sphenanthera*）等。

表 4-1　宝兴连香树群落种子植物分布区类型

编号	分布区类型	属数	占总属数的百分比 /%
1	世界分布	11	不计百分比
2	泛热带分布	13	12.38
3	热带亚洲和热带美洲间断分布	2	1.90
4	旧世界热带分布	1	0.95
5	热带亚洲至热带大洋洲分布	0	0
6	热带亚洲至热带非洲分布	3	2.86
7	热带亚洲分布	1	0.95
8	北温带分布	59	56.19
9	东亚和北美间断分布	8	7.62
10	旧世界温带分布	3	2.86
11	温带亚洲分布	0	0
12	地中海、西亚至中亚分布	0	0
13	中亚分布	0	0
14	东亚分布	11	10.48
15	中国特有分布	4	3.81
	合计	116	100

综合分析宝兴连香树群落属的区系特征表明，群落中区系成分复杂，珍稀濒危植物和特有植物众多，植物区系起源古老。具有典型的亚热带向温带过渡性质，但以温带分布类型为主，其中北温带分布类型占有绝对的优势。

4.2.2　巴东连香树群落的区系特征

根据 4 000 m² 调查结果，样地内有维管束植物 116 种，分属于 99 属 61 科。其中：

蕨类2科3属3种，裸子植物3科3属3种，双子叶植物52科85属100种，单子叶植物4科8属10种。种数最多的科只有7种，种数超过5种的科有蔷薇科（Rosaceae，7种）、虎耳草科（6种）、槭树科（6种）、忍冬科（6种）、百合科（Liliaceae，6种），这些科共有31种，占群落物种数的26.72%。含2~5种的科主要有壳斗科、毛茛科、山茱萸科（Cornaceae）等，共有45种，占38.79%。含1种的科有40种，占34.48%。在样地中出现的国家第一批珍稀保护植物有9种，其中一级保护植物1种（珙桐）、二级3种（水青树、连香树、山白树 Sinowilsonia henryi）、三级5种（华榛 Corylus chinensis、领春木、瘿椒树 Tapiscia sinensis、金钱槭 Dipteronia sinensis、白辛树 Pterostyrax psilophyllus）。

群落的乔木层主要种类有连香树、白辛树、珙桐、水青树、天师栗（Aesculus chinensis）、绢毛稠李（Padus wilsonii）、水榆花楸（Sorbus alnifolia）、包果柯（Lithocarpus cleistocarpus）、钝叶木姜子（Litsea pungens）、长尾毛蕊茶（Camellia caudata）、石灰花楸（Sorbus folgneri）、白楠（Phoebe neurantha）、曼青冈（Cyclobalanopsis oxyodon）等。

灌木层主要代表种类有箬竹（Indocalamus tessellaus）、金银木（Lonicera maackii）、汤饭子（Viburnum setigerum）、异色溲疏（Deutzia discolor）、棣棠（Kerria japonica）、青荚叶（Helwingia japonica）等。

草本层主要种类有变豆菜（Sanicula chinensis）、凤仙花（Impatiens balsamona）、大叶金腰（Chrysosplenium macrophyllum）等。层间植物有中华猕猴桃（Actinidia chinensis）、无须藤（Hosiea sinensis）、三叶漆（Terminthia panialata）等。

由于地处我国中亚热带过渡到暖温带的地区，植物区系具有组成成分复杂，来源多歧的特点，区系成分起源古老，特有现象明显。群落中属的分布区类型见表4-2。

表4-2　巴东连香树群落种子植物分布区类型

编号	分布区类型	属数	占总属数的百分比/%
1	世界分布	7	不计百分比
2	泛热带分布	8	8.99
3	热带亚洲和热带美洲间断分布	3	3.37
4	旧世界热带分布	4	4.49
5	热带亚洲至热带大洋洲分布	0	0

续　表

编号	分布区类型	属数	占总属数的百分比 /%
6	热带亚洲至热带非洲分布	3	3.37
7	热带亚洲分布	9	10.11
8	北温带分布	26	29.21
9	东亚和北美间断分布	10	11.24
10	旧世界温带分布	1	1.12
11	温带亚洲分布	0	0
12	地中海、西亚至中亚分布	0	0
13	中亚分布	0	0
14	东亚分布	21	23.6
15	中国特有分布	4	4.50
	合计	96	≈ 100

对巴东连香树群落种子植物 99 属的统计分析表明，北温带分布型占优势（26属），其次是东亚分布型（21 属）。北温带分布型的属有槭、桦木属、荚蒾属、花楸属、鹅耳枥属、栎属等。东亚分布型的属有水青树属、白辛树属、连香树属、棣棠属等。在属的分布类型中，除热带分布型中的热带亚洲至热带大洋洲分布类型、温带分布类型中的温带亚洲分布类型、地中海、西亚至中亚分布类型以及中亚分布类型外，其余 11 种分布类型均有分布。各类热带分布型（2～7 类型）共有 27 属，占总属数的 30.34%，其中，以热带亚洲分布类型(9 属)为主，其次为泛热带分布类型(8 属)。各类温带分布型（8～14 类型）共有 58 属，占总属数的 65.17%。其中，以北温带分布类型（26 属）为主，其次为东亚分布类型（21 属）、东亚和北美间断分布类型（10属），分别占该分布类型总数的 44.83%，36.21% 和 17.24%。

综合群落属的分布类型分析表明，巴东连香树群落种子植物区系具有明显的温带性质，且以北温带分布类型为主，同时与其他地理成分如我国亚热带西部地区及东部地区的植物区系成分联系紧密。

4.2.3 新宁连香树群落的区系特征

据 4 000 m² 样地统计，新宁连香树群落共有木本植物 231 种（含变种），隶属于 129 属 60 科。其中裸子植物 3 科 3 属 3 种，被子植物 57 科 126 属 228 种。在被子植物中，单子叶植物 4 科 11 属 16 种，双子叶植物 53 科 115 属 212 种。大多数种集中在 27 个大科中：蔷薇科、樟科（Lauraceae）、壳斗科、山茶科（Theaceae）、蝶形花科（Papilionaceae）、杜鹃花科、冬青科（Aquifoliaceae）、大戟科（Euphorbiaceae）、桑科、卫矛科（Celastraceae）、茜草科（Rubiaceae）、槭树科、山矾科（Symplocaceae）、忍冬科、芸香科（Rutaceae）、竹亚科（Bambusoideae）、猕猴桃科（Actinidiaceae）、鼠李科（Rhamnaceae）、五加科（Araliaceae）、榆科（Ulmaceae）、葡萄科（Vitaceae）、安息香科（Styracaceae）、马鞭草科（Verbenaceae）、绣球花科（Hydrangeaceae）、清风藤科（Sabiaceae）、木兰科、木樨科（Oleaceae）。亚热带常绿阔叶林成分的优势科为樟科、壳斗科、山茶科、木兰科等为群落中种类丰富的科。属的分布区类型见表 4-3。

区系的基本性质是以热带亚热带成分占优势。各种温带分布类型中除温带亚洲分布类型、中亚分布类型外，其余 13 种类型均有分布。各类热带分布型（2 ~ 7 类型）共有 62 属，占总属数的 49.6%，其中以泛热带分布型为主（22 属），热带亚洲分布属次之（18 属），两者约占该类型的 2/3。各类温带分布型（8 ~ 14 类型）共有 56 属，占总属数的 44.8%，其中以东亚分布型最多（21 属），其次是北温带分布型（16 属）、东亚和北美间断分布型（14 属），分别占该分布类型总数的 37.5%，28.57% 和 25%。在温带性分布型中，旧世界温带类型、地中海、西亚至中亚分布类型等典型的北温带成分比较缺乏。在此类分布型中，最为突出的是中国特有分布，有银杉属（Cathaya）、珙桐属（Davidia）、杜仲属（Eucommia）、鬼臼属（Dysosma）、独花兰属（Changnienia）等；其次是东亚分布类型和东亚—北美间断分布类型，东亚分布类型有水青树属、连香树属、领春木属（Euptelea）等。东亚—北美间断分布类型有黄杉属（Pseudotsuga）、鹅掌楸属（Liriodendron）、北美木兰属等。北温带分布有冷杉属（Abies）、松属（Pinus）等。

表4-3 新宁连香树群落种子植物分布区类型

编号	分布区类型	属数	占总属数的百分比 /%
1	世界分布	4	不计百分比
2	泛热带分布	22	17.6
3	热带亚洲和热带美洲间断分布	6	4.8
4	旧世界热带分布	7	5.6
5	热带亚洲至热带大洋洲分布	4	3.2
6	热带亚洲至热带非洲分布	5	4
7	热带亚洲分布	18	14.4
8	北温带分布	16	12.8
9	东亚和北美间断分布	14	11.2
10	旧世界温带分布	4	3.2
11	温带亚洲分布	0	0
12	地中海、西亚至中亚分布	1	0.8
13	中亚分布	0	0
14	东亚分布	21	16.8
15	中国特有分布	7	5.6
	合计	129	100

　　湖南新宁连香树天然居群所在群落的植物区系与邻近地区具有密切联系，这种联系是通过各种不同区系成分来实现的：与华南地区主要是通过热带、南亚热带成分联系，如观光木（*Michelia odora*）、马蹄参（*Diplopanax stachyanthus*）、福建柏（*Fokienia hodginsii*）、白桂木（*Artocarpus hypargyreus*）等；与华东、川鄂通过鹅掌楸（*Liriodendron chinense*）、领春木、穗花杉（*Amentotaxus argotaenia*）、白辛树等东亚、东亚—北美间断的温带性成分来实现；与黔桂联系主要表现在两地都具有众多的古老残遗种和特有种，如银杉（*Cathaya argyrophylla*）、珙桐（*Davidia involucrata*）、连香树、杜仲、水青树、资源冷杉（*Abies beshanzuensis*）和黄枝油杉（*Keteleeria davidiana*）等。

　　综合属的分析表明，群落区系中热带、亚热带属为主要成分，说明植物区系的热带亲缘关系。其中，温带分布型、东亚分布型和东亚北美间断分布型比例也较高，表明该地植物与其他地区植物的联系及区系成分的多样性。

4.2.4　金寨连香树群落的区系特征

据 4 000 m² 样地统计，金寨连香树群落共有维管植物 130 种（含变种），隶属于 98 属 56 科。其中蕨类植物 7 科 9 属 11 种，裸子植物 2 科 2 属 2 种，单子叶植物 5 科 9 属 14 种，双子叶植物 42 科 76 属 103 种。含种数较多的科有菊科(Asteraceae) 11 种、蔷薇科 8 种、禾本科（poaceae）5 种、豆科（Fabaceae）5 种、壳斗科 5 种和百合科 5 种，这些科均是世界性分布的大科。区系成分中仅含 1 ~ 2 种的科有 35 科，占科总数的 62.5%。含种数较多的属也只有菝葜属（Smilax）4 种、胡枝子属（Lespedeza）3 种、栎属 3 种和蔷薇属（Rosa）3 种等少数几属。群落中出现的 98 属中，仅含 1 种的属有 71 属，占总属数的 72.45%，可见该群落的科属组成比较分散。群落中属的分布区类型见表 4-4。

表 4-4　金寨连香树群落种子植物分布区类型

编号	分布区类型	属数	占总属数的百分比 /%
1	世界分布	5	不计百分比
2	泛热带分布	11	13.41
3	热带亚洲和热带美洲间断分布	2	2.44
4	旧世界热带分布	3	3.66
5	热带亚洲至热带大洋洲分布	2	2.44
6	热带亚洲至热带非洲分布	0	0
7	热带亚洲分布	4	4.88
8	北温带分布	24	29.27
9	东亚和北美间断分布	12	14.63
10	旧世界温带分布	7	8.54
11	温带亚洲分布	0	0
12	地中海、西亚至中亚分布	0	0

续　表

编号	分布区类型	属数	占总属数的百分比 /%
13	中亚分布	0	0
14	东亚分布	15	18.29
15	中国特有分布	2	2.44
	合计	87	100

金寨连香树群落不仅植物种类组成较丰富，且从种子植物属的分布区类型来看，区系地理成分也较复杂，热带分布类型中除热带亚洲至热带非洲分布，温带分布类型中除温带亚洲分布类型、地中海、西亚至中亚分布类型及中亚分布类型外，其余11种分布类型均有出现。各类热带分布型（2～7类型）共有22属，占总属数的26.83%。其中以泛热带分布型为主（11属），占了该类型属的一半。典型的热带、亚热带性质属很少，主要有黄檀属（*Dalbergia*）、青冈属（*Cyclobalanopsis*）、葡萄属（*Vitis*）、菝葜属、山胡椒属（*Lindera*）等。各类温带分布型（8～14类型）共有58属，占总属数的70.73%，其中以北温带分布型最多（24属），其次是东亚分布型（15属）、东亚和北美间断分布型（12属），分别占该分布类型总数的41.38%，25.86%和20.69%。典型的北温带成分有栎属、栗属（*Castanea*）、越橘属（*Vaccinium*）、杜鹃花属（*Rhododendron*）等。该区其他有代表性的温带分布属有山核桃属（*Carya*）、爬山虎属（*Parthenocissus*）、溲疏属（*Deutzia*）、木通属（*Akebia*）、鹅耳枥属、石楠属（*Photinia*）、胡枝子属、枫香树属（*Liquidambar*）、五味子属（*Schisandra*）等。中国特有分布类型只有杉木属（*Cunninghamia*）、牛鼻栓属（*Fortunearia*）2属。

从连香树群落种子植物属的地理分布类型来看，温带性质的属占有较大比例，温带成分在该群落中获得了较好发展，具有明显优势，在群落形成和发展过程中发挥着重要作用。因此，该群落植物区系组成具有从北亚热带向暖温带的过渡性质。

4.2.5　济源连香树群落的区系特征

据4 000 m² 样地统计，济源连香树群落的种子植物区系地理成分复杂，共有种子植物58科113属125种。其中裸子植物4科6属9种，被子植物54科107属116种。在被子植物中，双子叶植物49科97属102种，单子叶植物5科10属14种。属东亚分布类型的单种科和单属科均为古老的木本科，包括领春木科、连香树科和水青树科等，属残遗植物。分布较多的属有蓼属（*persicaria*）、蒿属（*Artemisia*）、卫矛属（*Euonymus*）、蔷薇属、忍冬属（*Lonicera*）、栎属等。群落中属的分布区类型见表4-5。

表4-5　济源连香树群落种子植物分布区类型

编号	分布区类型	属数	占总属数的百分比/%
1	世界分布	11	不计百分比
2	泛热带分布	16	15.69
3	热带亚洲和热带美洲间断分布	2	1.96
4	旧世界热带分布	4	3.92
5	热带亚洲至热带大洋洲分布	3	2.94
6	热带亚洲至热带非洲分布	2	1.96
7	热带亚洲分布	3	2.94
8	北温带分布	27	26.47
9	东亚和北美间断分布	8	7.84
10	旧世界温带分布	11	10.78
11	温带亚洲分布	3	2.94
12	地中海、西亚至中亚分布	2	1.96
13	中亚分布	1	0.98
14	东亚分布	15	14.71
15	中国特有分布	5	4.90
	合计	113	100

群落中各种热带分布类型（2～7类型）共计30属，占总属数的29.41％。其中以泛热带分布（16类型）为主，如黄荆（*Vitex negundo*）等。各种温带分布类型（8～14类型）共计67属，占总属数的65.69％。其中以北温带（27属）分布为主，占该类型的40.3％，如早熟禾（*Poa annua*）、酸模（*Rumex acetosa*）、丝毛飞廉（*Carduus crispus*）等。其次是东亚分布（15属）和旧世界温带分布（11属），分别占该类型的22.39％和16.42％。东亚分布类型有领春木、灯台树（*cornus controversa*）、针刺悬钩子（*Rubus pungens*）、鸡眼草（*Kummerowia striata*）、美丽胡枝子（*Lespedeza thunbergii* subsp. *formosa*）等。旧世界分布类型有牛蒡（*Arctium lappa*）、地榆（*Sanguisorba officinalis*）、毛黄栌（*Cotinus coggygria*）等。

综合该群落属的地理成分分析表明，群落的区系成分复杂，整体上温带成分占优势，并有相当数量的热带成分，区系成分的过渡性质非常明显。东亚成分的古老木本科如连香树科等，反映了群落区系起源的古老性。

4.2.6　长阳连香树群落的区系特征

据4 000 m² 样地统计，长阳连香树群落的种子植物区系地理成分复杂，共有种子植物54科86属131种。其中裸子植物2科2属2种，被子植物52科84属129种。在被子植物中，双子叶植物47科72属115种，单子叶植物5科12属14种。蔷薇科、菊科、百合科、壳斗科、樟科等是含种数较多的科。木本植物以壳斗科等为主，草本植物以蓼科（Polygonaceae）等为主，藤本植物以木通科（Lardizabalaceae）等为主。含种数较多的属主要有蓼属、景天属（Sedum）、栎属、李属（Prunus）、山胡椒属等。群落中属的分布区类型见表4-6。

长阳连香树群落的植物地理成分和其他各地的地理成分联系密切，在与热带地区的联系上，与泛热带地区联系密切，而在与温带地区的联系上，与北温带地区联系密切。群落区系特征具有明显的温带性质，受第四纪冰期的影响较小，种子植物区系具有较强的古老性。除了中亚分布类型、地中海、西亚至中亚分布类型外，其余13种类型群落中都有分布。各种热带分布类型（2 ~ 7类型）共有25属，占总属数的32.89%，其中以泛热带分布类型（13属）为主，如冬青属（Ilex）、鹅绒藤属（Cynanchum）等。各种温带分布类型（8 ~ 14类型）共有48属，占总属数的63.16%。其中以北温带分布类型（22属）为主，其次为东亚和北美间断分布类型（11属）、东亚分布类型（8属），分别占该类型的45.83%、22.92%和16.67%。北温带分布属有栎属、景天属、漆树属（Rhus）等。东亚和北美间断分布属有楤木属（Aralia）、五味子属等。东亚分布的属有溲疏属、五加属（Eleutherococcus）等。

综合群落种子植物地理成分的分布类型表明，长阳连香树群落种子植物区系与热带植物区系联系紧密，具有明显的温带性质，且以北温带为主。区系中的特有现象明显，古老残遗种较多，区系成分有较强的古老性。

表4-6　长阳连香树群落种子植物分布区类型

编号	分布区类型	属数	占总属数的百分比/%
1	世界分布	10	不计百分比
2	泛热带分布	13	17.11

续　表

编号	分布区类型	属数	占总属数的百分比 /%
3	热带亚洲和热带美洲间断分布	2	2.63
4	旧世界热带分布	3	3.95
5	热带亚洲至热带大洋洲分布	2	2.63
6	热带亚洲至热带非洲分布	1	1.32
7	热带亚洲分布	4	5.26
8	北温带分布	22	28.95
9	东亚和北美间断分布	11	14.47
10	旧世界温带分布	6	7.89
11	温带亚洲分布	1	1.32
12	地中海、西亚至中亚分布	0	0
13	中亚分布	0	0
14	东亚分布	8	10.53
15	中国特有分布	3	3.94
	合计	86	≈ 100

4.2.7　歙县连香树群落的区系特征

据 4 000 m² 样地统计，歙县连香树群落中有种子植物 52 科 106 属 128 种（含种下分类单位），其中，裸子植物 2 科 2 属 4 种，被子植物 50 科 104 属 124 种（其中，双子叶植物 43 科 94 属 105 种，单子叶植物 7 科 10 属 19 种）。在各类属的地理成分中，以温带地理成分占较大优势。群落中分布数量较多的科，除樟科、壳斗科、忍冬科等外，其余各科大多为草本。世界性分布科中大多是一些中生或水生草本植物，如唇形科（Lamiaceae）、玄参科（Scrophulariaceae）、菊科、禾本科、莎草科（Cyperaceae）等。泛热带分布科最多，其中有不少种类是群落的建群种，如壳斗科、樟科、山茶科、漆树科（Anacardiaceae）等。植物区系以温带和亚热带分布科为主，如木通科、猕猴桃科、清风藤科、桦木科等，其中亚热带成分科多于神农架，介于热带亚热带和温带之间。栎属、槭属、荚蒾属等是常见属。群落中属的分布区类型见表 4-7。

表 4-7　歙县连香树群落种子植物分布区类型

编号	分布区类型	属数	占总属数的百分比 /%
1	世界分布	10	不计百分比
2	泛热带分布	16	16.67
3	热带亚洲和热带美洲间断分布	2	2.08
4	旧世界热带分布	4	4.17
5	热带亚洲至热带大洋洲分布	3	3.13
6	热带亚洲至热带非洲分布	3	3.13
7	热带亚洲分布	6	6.25
8	北温带分布	22	22.92
9	东亚和北美间断分布	9	9.38
10	旧世界温带分布	7	7.29
11	温带亚洲分布	2	2.08
12	地中海、西亚至中亚分布	1	1.04
13	中亚分布	0	0
14	东亚分布	18	18.75
15	中国特有分布	3	3.11
	合计	106	≈ 100

　　在属的各类区系成分中，温带的区系特征明显。群落中除中亚分布类型外，其余 14 种类型均有分布。各种温带分布类型（8 ~ 14 类型）共计 62 属，占总属数的 64.58%。其中以北温带分布类型（22 属）为主，占温带分布类型的 35.48%，如栎属、槭属等。其次是东亚分布类型（18 属），占该类型的 29.03%，如猕猴桃属（*Actinidia*）、蜡瓣花属（*Corylopsis*）、四照花属（*Dendrobenthamia*）等。各种热带分布类型（2 ~ 7 类型）共计 34 属，占总属数的 35.42%。其中以泛热带分布（16 属）为主，占该类型的 47.06%，如冬青属、卫矛属、菝葜属、黄檀属等。属的地理成分反映了群落区系的温带性质，并与其他各地的植物区系如热带植物区系有着广泛联系。

4.2.8 户县连香树群落的区系特征

据 4 000 m² 样地统计，有种子植物 135 种（含种下等级），隶属于 62 科 113 属，分别占秦岭种子植物科、属、种的 39.27%，12.66% 和 4.32%，是秦岭植物区系的重要组成部分。其中裸子植物 2 科 4 属 6 种，被子植物 60 科 109 属 129 种。包括木本植物 45 种，草本植物 90 种。群落中属的分布区类型见表 4-8。

表 4-8 户县连香树群落种子植物分布区类型

编号	分布区类型	属数	占总属数的百分比 /%
1	世界分布	12	不计百分比
2	泛热带分布	10	9.9
3	热带亚洲和热带美洲间断分布	1	0.99
4	旧世界热带分布	1	0.99
5	热带亚洲至热带大洋洲分布	1	0.99
6	热带亚洲至热带非洲分布	1	0.99
7	热带亚洲分布	2	1.98
8	北温带分布	40	39.6
9	东亚和北美间断分布	10	9.9
10	旧世界温带分布	12	11.88
11	温带亚洲分布	4	3.96
12	地中海、西亚至中亚分布	1	0.99
13	中亚分布	1	0.99
14	东亚分布	13	12.87
15	中国特有分布	4	3.96
	合计	113	≈ 100

如果按各科含种类数量排序，则蔷薇科、菊科是种类最多的两个科，各含 12 种，占种子植物总数的 17.78%；其次是百合科 7 种，禾本科 6 种，毛茛科 5 种，豆科 5 种，唇形科 4 种，伞形科（Umbelleferae）3 种，虎耳草科 3 种，忍冬科 2 种，石竹

科（Caryophyllaceae）2 种，十字花科（Brassicaceae）2 种等。以上 12 个大科总计含 63 种，占该区植物区系的 46.67%。中国特有种 37 种，占 27.41%。它们是组成连香树天然林植物群落的主要类群，对该区的植物区系起着十分重要的作用。

含单种属和少种属共 18 属，占总属数的 15.93%，其中单种属 5 属，占总属数的 4.42%，如侧柏属（Platycladus）、刺楸属（Kalopanax）等。少种属 13 属，占总属数的 11.5%，如米面蓊属（Buckleya）、黄栌属（Cotinus）、鸡眼草属等。

裸子植物 2 科 4 属 6 种，在植被组成中占有重要位置，如产于白垩纪的松属（Pinus）；产于第三纪的冷杉属（Abies）。被子植物 60 科 109 属 129 种，包括了许多系统上原始的类型，如木兰科的北美木兰属、五味子属，领春木科、连香树科等，而毛茛科就有 4 属 5 种，如芍药属（Paeonia）、铁线莲属（Clematis）等。

区系中世界分布属 12 属，其中除悬钩子属（Rubus）、鼠李属（Rhamnus）外，其余均为草本植物，如珍珠菜属（Lysimachia）、蓼属、银莲花属（Anemone）、鼠尾草属（Salvia）等，是林下和高山草甸的重要组成植物。各种热带分布类型（2 ~ 7 类型）共有 16 属，是其种子植物总属数的 14.16%，其中以泛热带分布为主（10 属）。其所隶属的科都是以热带分布为主，延伸到亚热带或温带，而无典型的热带科，如山矾属（Symplocos）的白檀（S. paniculata）、冷水花属（Pilea）的山冷水花（P. japonica）、榕属（Ficus）的异叶榕（F. heteromorpha）等。而冰水花属和榕属是以秦岭为其分布的北界。

各种温带分布类型（8 ~ 14 类型）共有 81 属，是其种子植物总属数的 71.68%，在植物区系中起主导作用。其中以北温带分布类型最多（40 属），占温带分布属的 49.38%，是区系中最丰富的类型和核心，含有植被组成中最重要的种类，如冷杉属、松属、桦木属、栎属、榆属（Ulmus）、槭属、鹅耳枥属以及蔷薇属、绣线菊属（Spiraea）、忍冬属、荚蒾属等。东亚分布 13 属，占各种温带分布类型的 16.49%，如猕猴桃属、四照花属、斑种草属（Bothriospermum）等。其中，属于中国—日本分布变型的 4 属，占本类型的 30.77%，如连香树属、泡桐属（Paulownia）等。旧世界温带分布类型 12 属，东亚和北美间断分布类型 10 属，分别占各种温带分布类型的 14.81% 和 12.35%，如鹿药属（Smilacina）、爬山虎属、石楠属等。

综合分析该群落的区系特征表明，该群落所在的秦岭山脉是昆仑山脉的东延部分，也是东亚地区地质上最古老的地区之一，种子植物种类丰富，各种地理成分交错分布，具有明显的过渡性。根据群落优势种和组成种类的温带性质以及温带属、种在整个植物区系中的主导地位，说明该群落的植物区系具有明显的温带性特点。

4.2.9 天目山连香树群落的区系特征

据 4 000 m² 样地统计，天目山连香树群落中有种子植物 54 科 105 属 134 种（含种下分类单位），其中，裸子植物 2 科 3 属 5 种，双子叶植物 46 科 93 属 113 种，单子叶植物 6 科 9 属 16 种。群落中有以温带科为主，热带科为辅的特点。其中的优势科有蔷薇科、豆科、樟科、壳斗科、忍冬科、木兰科、山茶科等。群落中属的分布区类型见表 4-9。

表 4-9 天目山连香树群落种子植物分布区类型

编号	分布区类型	属数	占总属数的百分比 /%
1	世界分布	10	不计百分比
2	泛热带分布	16	16.84
3	热带亚洲和热带美洲间断分布	1	1.05
4	旧世界热带分布	4	4.21
5	热带亚洲至热带大洋洲分布	3	3.16
6	热带亚洲至热带非洲分布	2	2.11
7	热带亚洲分布	5	5.26
8	北温带分布	23	24.21
9	东亚和北美间断分布	10	10.53
10	旧世界温带分布	8	8.42
11	温带亚洲分布	2	2.11
12	地中海、西亚至中亚分布	1	1.05
13	中亚分布	0	0
14	东亚分布	17	17.89
15	中国特有分布	3	3.16
	合计	105	100

群落中除中亚分布类型外，其余 14 种类型均有分布。各种热带分布类型（2 ~ 7

类型）共有 31 属，占总属数的 32.63％。其中以泛热带分布类型（16 属）为主，占该类型的 51.61％，如冬青属、卫矛属等。各种温带分布类型（8～14 类型）共计 61 属，占总属数的 64.21％。其中以北温带分布类型（23 属）为主，占该类型的 37.7％，如槭属、蒿属、景天属、荚蒾属等。其次为东亚分布类型（17 属）、东亚和北美间断分布类型（10 属）、旧世界温带分布类型（8 属），分别占该类型的 27.87％、16.39％、13.11％。东亚分布类型如蜡瓣花属、油桐属（*Vernicia*）等。东亚和北美间断分布类型有栲属（*Castanopsis*）、柯属（*Lithocarpus*）等。旧世界温带分布类型有益母草属（*Leonurus*）、石竹属（*Dianthus*）等。

综合分析表明，该群落的植物区系特征以温带分布类型为主，具有明显的温带特征，同时同其他分布类型紧密联系。如通过冬青属等与热带区系相联系。通过连香树等体现出区系成分起源的古老性。

4.2.10　峨眉连香树群落的区系特征

据 4 000 m² 样地统计，峨眉连香树群落中有种子植物 58 科 116 属 138 种（含种下分类单位），其中，裸子植物 2 科 2 属 2 种，双子叶植物 51 科 106 属 122 种，单子叶植物 5 科 8 属 14 种。木本植物的科主要是热带—温带分布的科，如胡桃科、漆树科、椴树科、山茱萸科、槭树科、木兰科、鼠李科、冬青科、木樨科等；其次是热带—亚热带分布的科，如樟科、壳斗科、山矾科、杜英科（Elaeocarpaceae）、山茶科、金缕梅科等。世界分布的科如蔷薇科、禾本科、杜鹃花科等，其大多数种类为群落的下层灌木。其中东亚分布的有猕猴桃科、领春木科、连香树科、虎皮楠科、旌节花科（Stachyuraceae）等。中国特有分布的科有钟萼木科（Bretschneideraceae）和杜仲科（Eucommiaceae）等。它们中的树种在群落中零星分布，反映了植物区系的古老性。从优势科的组成来看，群落木本植物的优势科主要集中在热带—温带分布的热带性科，其次是热带—亚热带分布的热带性科，表明群落的植物区系是以热带科为主体，具有热带亲缘性特征。群落中属的分布区类型见表 4-10。

表 4-10　峨眉连香树群落种子植物分布区类型

编号	分布区类型	属数	占总属数的百分比/%
1	世界分布	4	不计百分比
2	泛热带分布	23	20.54

续　表

编号	分布区类型	属数	占总属数的百分比/%
3	热带亚洲和热带美洲间断分布	5	4.46
4	旧世界热带分布	8	7.14
5	热带亚洲至热带大洋洲分布	5	4.46
6	热带亚洲至热带非洲分布	5	4.46
7	热带亚洲分布	15	13.39
8	北温带分布	16	14.29
9	东亚和北美间断分布	13	11.61
10	旧世界温带分布	2	1.79
11	温带亚洲分布	1	0.89
12	地中海、西亚至中亚分布	0	0
13	中亚分布	0	0
14	东亚分布	9	8.04
15	中国特有分布	10	8.93
	合计	116	100

　　群落中热带成分稍多于温带成分，这与该群落为常绿阔叶林地带以及该群落所处的地理位置相吻合，也表示其木本植物区系具有显著的过渡性。群落中除地中海、西亚至中亚分布类型、中亚分布类型外，其余13种类型均有分布。各类热带分布类型（2~7类型）共计61属，占总属数的54.46%。其中以泛热带分布类型（23属）为主，其次为热带亚洲分布（15属）和旧世界热带分布类型（8属），它们分别占该类型的37.7%、24.59%和13.11%。各类温带分布类型（8~14类型）共计41属，占总属数的36.61%。其中以北温带分布类型（16属）为主，其次为东亚和北美间断分布类型（13属）、东亚分布类型（9属），分别占该类型的39.02%、31.71%、21.95%。群落中世界分布属有金丝桃属（*Hypericum*）等。泛热带分布有朴属（*Celtis*）、榕属等。热带亚洲和热带美洲间断分布有木姜子属（*Litsea*）、赛楠属（*Nothaphoebe*）、楠属（*Phoebe*）等。旧世界热带分布有合欢属（*Albizia*）、吴茱萸属（*Evodia*）等。热带亚洲至热带大洋洲分布有柘树属（*Cudrania*）、樟属（*Cinnamomum*）等。热带

亚洲至热带非洲分布有水麻属（*Debregeasia*）、飞龙掌血属（*Toddalia*）等。热带亚洲分布有黄杞属（*Alfaropsis*）、青冈属等。北温带分布有胡桃属（*Juglans*）、桤木属（*Alnus*）等。

东亚和北美间断分布有柯属、十大功劳属（*Mahonia*）等。东亚分布有蜡瓣花属、油桐属等。中国特有属有珙桐属等。

综合分析属的分布类型表明，群落植物区系的基本特征是木本植物种类繁多，特有木本植物种类丰富。由于地质历史和有利的生境条件，保存了大量残遗植物，区系组成复杂，热带成分占优势，具有显著的过渡性，热带成分优于温带成分。群落区系显著的过渡性在于：在纬度上，处于中亚热带和北亚热带之间；在经度上，处于"横断山脉植物区系地区"向"华中植物区系"的过渡区；在植被分布的垂直方向上，上接常绿、落叶阔叶混交林。

4.3　结论与讨论

四川宝兴连香树群落区系地理成分起源古老，成分复杂，具有明显的由亚热带向温带过渡的特征。各种温带分布类型占总属数的77.14%。其中，以北温带分布类型为主，占该分布类型的72.84%。其次为东亚分布13.58%、东亚和北美间断分布9.88%。区系特征属于东拉山峡谷范畴，科的起源以热带性质为主，而属的性质则以温带分布为主，且具有明显的过渡性质（钱慧蓉等，2018）。在植物区系结构上，东拉山则与白马雪山的最为相似，温带分布类型丰富，热带分布类型较少（李宏伟等，2007）。植物区系有明显的温带与热带区系交错渗透的特点。

湖北巴东连香树群落北温带分布型占优势，其次是东亚分布型。在属的分布类型中，各类热带分布型占总属数的30.34%，其中，以热带亚洲分布类型为主，其次为泛热带分布类型。各类温带分布型占总属数的65.17%。其中，以北温带分布类型为主44.83%，其次为东亚分布类型36.21%、东亚和北美间断分布类型17.24%。因此，巴东连香树群落种子植物区系具有明显的温带性质，且以北温带分布类型为主，与宜昌大老岭地区植物区系特征类似（吴金清等，1996）。同时与其他地理成分如我国亚热带西部地区及东部地区的植物区系成分联系紧密。

湖南新宁连香树群落植物区系的基本性质是以热带亚热带成分占优势。各种温带分布类型中除温带亚洲分布类型、中亚分布类型外，其余13种类型均有分布。各类热带分布型占总属数的49.6%，其中以泛热带分布型为主，热带亚洲分布属次之，两者约占该类型的 2/3。各类温带分布型占总属数的 44.8%，其中以东亚分布型最多 37.5%，其次是北温带分布型 28.57%、东亚和北美间断分布型 25%。在温带性分布型中，最为突出的是一些中国特有属的分布，如珙桐属、杜仲属等；连香树属是东亚分布类型的典型代表。鹅掌楸属等是东亚—北美间断分布类型的典型代表之一。湖南新宁连香树天然居群所在群落的植物区系与华南地区主要是通过热带、南亚热带成分联系，如观光木等；与华东、川鄂的联系通过领春木等东亚、东亚—北美间断的温带性成分来实现；通过众多的古老残遗种和特有种，如银杉、珙桐、连香树、杜仲、水青树、资源冷杉和黄枝油杉等与黔桂联系（戴振华等，2010；向剑锋，2009）。说明群落植物区系的热带亲缘，较高比例的温带分布型、东亚分布型和东亚北美间断分布型，表明该地植物与其他地区植物的联系及区系成分的多样性。

安徽金寨连香树群落不仅植物种类组成较丰富，且从种子植物属的分布区类型来看，区系地理成分也较复杂，热带分布类型中除热带亚洲至热带非洲分布，温带分布类型中除温带亚洲分布类型、地中海、西亚至中亚分布类型及中亚分布类型外，其余 11 种分布类型均有出现。各类热带分布型占总属数的 26.83%。其中以泛热带分布型为主，典型的热带、亚热带性质属很少。各类温带分布型占总属数的 70.73%，其中以北温带分布型最多（41.38%），其次是东亚分布型（25.86%）、东亚和北美间断分布型（20.69%）。中国特有分布类型只有杉木属和牛鼻栓属。从连香树群落种子植物属的地理分布类型来看，温带性质的属占有较大比例（沈显生，1986），温带成分在该群落中获得了较好地发展，具有明显优势，在群落形成和发展过程中发挥着重要作用，与华东植物区系的关系最密切（钱宏，1989）。

河南济源连香树群落中各种热带分布类型占总属数的 29.41%，其中以泛热带分布为主，如黄荆等。各种温带分布类型占总属数的 65.69%，其中以北温带分布为主，占该类型的 40.3%，其次是东亚分布 22.39% 和旧世界温带分布 16.42%。群落的区系成分整体上温带成分占优势，并有相当数量的热带成分，区系成分的过渡性质非常明显，比嵩山森林公园的区系中温带成分更多，热带成分更少（董东平等，2009）。东亚成分的古老木本科如连香树科等，反映了群落区系起源的古老性。

湖北长阳连香树群落的种子植物区系地理成分和其他各地的地理成分联系密切，在与热带地区的联系上，与泛热带地区联系密切，而在与温带地区的联系上，与北温带地区联系密切。群落区系特征具有明显的温带性质，受第四纪冰期的影响较小，种子植物区系具有较强的古老性。除了中亚分布类型、地中海、西亚至中亚分布类型外，其余 13 种类型群落中都有分布。各种热带分布类型占总属数的

32.89％，高于巴东连香树群落，其中以泛热带分布类型为主。各种温带分布类型占总属数的63.16％，低于巴东连香树群落。其中以北温带分布类型（45.83％）为主，其次为东亚和北美间断分布类型（22.92％）、东亚分布类型（16.67％）。长阳连香树群落种子植物区系与热带植物区系联系紧密，具有明显的温带性质，且以北温带为主。区系中的特有现象明显，古老残遗种较多，区系成分有较强的古老性。在植物区系上显示出南北、东西区系的互相渗透过渡性，是热带、亚热带成分和温带成分的交汇地区（郑重，1983）。

安徽歙县连香树群落中，以温带地理成分占较大优势。在属的各类区系成分中，温带的区系特征明显。群落中除中亚分布类型外，其余14种类型均有分布。各种温带分布类型占总属数的64.58％。其中北温带分布类型占温带分布类型的35.48％，东亚分布类型占该类型的29.03％。各种热带分布类型占总属数的35.42％。其中以泛热带分布占该类型的47.06％。属的地理成分反映了群落区系的温带性质，并与其他各地的植物区系如热带植物区系有着广泛联系。该群落植物区系组成具有从北亚热带向暖温带的过渡性质（张小平，1985）。

陕西户县连香树群落的区系中各种温带分布类型共有81属，是其种子植物总属数的71.68％，在植物区系中起主导作用。其中北温带分布类型占温带分布属的49.38％，是区系中最丰富的类型和核心，含有植被组成中最重要的种类。东亚分布占各种温带分布类型的16.49％。其中，属于中国—日本分布变型的占本类型的30.77％。旧世界温带分布类型占各种温带分布类型的14.81％，东亚和北美间断分布类型占各种温带分布类型的12.35％。群落所在的秦岭山脉是昆仑山脉的东延部分，也是东亚地区地质上最古老的地区之一，种子植物种类丰富，各种地理成分交错分布，具有明显的过渡性。根据群落优势种和组成种类的温带性质以及温带属、种在整个植物区系中的主导地位，说明该群落的植物区系具有明显的温带性特点，以温带成分为主，也体现出与热带区系的亲缘，且有明显的东西交汇南北过渡的区系特色（张文等，1999）。

浙江天目山连香树群落中除中亚分布类型外，其余14种类型均有分布。各种热带分布类型占总属数的32.63％，其中泛热带分布类型占该类型的51.61％。各种温带分布类型占总属数的64.21％，其中北温带分布类型占该类型的37.7％，东亚分布类型占该类型的27.87％，东亚和北美间断分布类型占该类型的16.39％，旧世界温带分布类型占该类型的13.11％。群落的植物区系特征以温带分布类型为主，具有明显的温带特征，与龙王山植物区系组成相近（周毅等，1993）。同时同其他分布类型紧密联系，如通过冬青属等与热带区系相联系。通过连香树等体现出区系成分起源的古老性，是我国南北植物区系的交汇地及过渡地带之一（梅笑漫等，2003）。

四川峨眉连香树群落中热带成分稍多于温带成分，群落中除地中海、西亚至中亚分布类型、中亚分布类型外，其余13种类型均有分布。各类热带分布类型占总属数的54.46%，其中以泛热带分布类型为主，占该类型的37.7%，其次为热带亚洲分布（24.59%）和旧世界热带分布类型（13.11%）。各类温带分布类型占总属数的36.61%，其中以北温带分布类型（39.02%）为主，其次为东亚和北美间断分布类型（31.71%）、东亚分布类型（21.95%）。群落植物区系的木本植物种类繁多，特有植物、孑遗植物种类丰富（姚小兰，2018）。由于地质历史和有利的生境条件，保存了大量残遗植物，区系组成复杂，热带成分占优势，具有显著的过渡性，热带成分优于温带成分。原始的古特有成分反映出植物区系的古老性和悠久发展历史，特有属与邻近地区的相似性还反映了其植物区系和邻近地区植物区系的整体性（李仁伟等，2001）。

本研究表明，虽然连香树科植物从白垩纪晚期到第三纪，广泛分布于北美、欧洲和亚洲（Manchester，1999；Crane，1984；Crane et al.，1985a，b；Tanai，1992；Jahnichen et al.，1980）。但目前仅分布于日本的北海道、本州、四国和九州，中国山西南部、河南西南部、陕西南部、甘肃南部、安徽西部、浙江北部、江西北部和东部、湖北西部、四川西部和东南部等局部地区，特别是在中国的分布均以生境岛屿形式散布于分布范围内。尽管不同居群所在群落的植物区系地理成分有许多共同特点，如区系成分起源古老，都有数量不等的孑遗物种存在；植物区系成分的过渡性质明显；各种热带类型和温带类型的植物共存，多数居群以温带成分特别是北温带分布类型为主等。

总之，所研究的连香树群落的植物区系特征明显具有古老性，区系成分起源古老，都有数量不等的孑遗物种存在。属的分布特征既有比较多的泛热带分布类型，又有数量众多的北温带分布类型，只是在不同地区各分布类型相对比例有所波动，植物区系成分的过渡性质明显。总体反映了所在地区植物区系从热带向温带过渡的趋势，地理纬度偏北的地区温带成分所占比例稍大，而地理纬度偏南地区热带成分偏大。各种热带类型和温带类型的植物共存，多数居群以温带成分特别是北温带分布类型为主。群落中不同程度与其他古老植物、孑遗植物及一些特有植物相伴生，形成特殊的森林生态系统。

第五章　连香树种实特征研究

植物的种子和果实性状研究多用于解决植物的分类问题，分析植物系统演化关系、探讨植物居群的变异及生态适应性、识别杂交中的基因类型、鉴别药用植物及植物超微结构研究等（惠利省等，2009；刘仁林等，2016；兰彦平等，2006；黄雪方等，2011；龙茹等，2010）。植物种实性状的表型变异不仅决定物种的扩散能力和种群的分布格局，也是人类开发利用的重要经济性状，在林木良种选育中具有重要意义（Greipssons et al.，1995；刘志龙等，2009）。种子大小是植物生活史中关键且相对稳定的特征，与种子散布、幼苗竞争力、植物寿命及种子库的持久性等密切相关（Onathan，1981；Weis，1982；Thompson ，1987）。小种子具有更大的传播、散布和拓殖优势，大种子则能萌生较大个体的幼苗，具有较强的生存竞争能力，从而对后代幼苗及植被更新具有更大的贡献（Coomes et al.，2003）。种子的大小体现出种子内营养物质的多少，也与种子内的激素、酶活性等密切相关（孙群等，2007；李振华，2015；闫慧芳，2014；桑红梅，2006）。有研究表明，种子内的初始物质含量使植物幼苗的存活和种子的大小呈显著的正相关关系，较大种子产生的幼苗比小种子产生的幼苗具有更大的生长存活优势（向光锋等，2014；张艳等，2017；李阳等，2014）。较大种子产生的幼苗能更好地适应不同的环境变化，活力旺盛。不同植物种子的形态特征不仅影响种子的萌发特性，而且影响幼苗的建植（周峰，2015；滕贵波，2017）。

种子的形态特征和发芽率在不同种源间差异显著，发芽率与种子形态特征呈正相关（武高林等，2008）。对湖南新宁、福建武夷山的乐东拟单性木兰种子形态特征和种子的发芽率研究表明，不同种源间种子纵、横径、果实出种率、千粒重、含水量有极显著差异；不同种源间种子的发芽率、幼苗株高、地径生长量有显著差异，发芽率与种子形态特征呈正相关。说明种子的形态特征影响种子的萌发特性，相对较大的种子出种率较高，发芽率较大，幼苗的生长量也较大（向光锋等，2019）。对 9 个无性系及 21 个优树的红松种子的研究表明，种子表型性状的变异系数为 9.78% ~ 18.58%，变异最小的是种子宽，最大的是种仁重；种仁营养成分的变异系数为 0.22% ~ 55.17%，变异最小的是脂肪酸，最大的是多糖。除种仁含水率及脂肪酸含量外，其他性状在整体、无性系及优树上皆达到差异显著或极显著水平（王玮槐等，2019）。对建水县 5 个锥连栎种群的 34 个家系的研究表明，种长、种宽、种形指数、单粒重及千粒重 5 个性状指标在家系内、家系间及种群间均存在着显著差异（$P < 0.05$）或极显著差异（$P < 0.01$）（常恩福等，2019）。

连香树所含化学成分复杂，有机体各部分成分变化较大。有研究表明，连香树树皮中含 5，7- 二羟基 -3，8，4′ - 三甲氧基黄酮，3，5，7- 三羟基 -8，4′ - 二甲氧基黄酮，5，7，4′ - 三羟基 -3、8- 二甲氧基黄酮，3，5，7，4′ - 四羟基 -8- 甲氧基黄酮，3，5，7，4′ - 四羟基黄酮，5，7- 二羟基 -8，4- 二甲氧基黄酮 -3-0- 葡萄糖苷，5，7，4′ - 三羟基 -8- 甲氧基黄酮 -3-0- 葡萄糖苷，没食子酸乙酯（王静蓉等，1999）等有机化合物。其树叶、花等器官化学成分的分析是今后植物化学成分分析研究的重要领域。连香树树干通直，木材质地坚硬，结构细致，可供建筑、制家具、细木工等用，为优良用材树种（刘胜祥等，1999）。连香树是浅根树种，根据其速生性和多用途性，可定向培育、基地化生产超短轮伐期工业用材林（如造纸、药业、化工等），也可作为中山区的先锋造林树种，迅速稳定不良的森林立地环境，为以后的针叶林或针阔混交林（潘开文等，1999）建设打基础。

有研究表明，连香树种子千粒重 0.7 ~ 0.8 g，优良度 50% ~ 70%，实生苗在湿度大、肥沃的棕壤土和红黄壤土山坡上造林成活率在 85% 以上，一般阴坡比阳坡成活率高（姚连芳等，2005）。连香树幼龄植株带芽茎段、顶芽作为外植体进行组织培养，通过暗培养和光培养诱导获得的丛生芽多数是由腋芽直接萌发而形成，诱导率 70%，丛生芽生根率 78.4%，组培苗移栽成活率约 74%（麦苗苗，2005）。本研究希望通过对两个连香树居群种子的研究，为连香树的开发培育提供基础数据。

5.1 材料与方法

5.1.1 材料的采集

在发现有种子的中山植物园和安徽金寨居群，分别选择 30 棵连香树单株，在每个单株的东、南、西、北四个方向树冠的中部，每个方向分别采集成熟连香树蓇葖果 30 个于布袋中，带回实验室阴干。

5.1.2 计测方法

对各居群的果实，分别计测每个蓇葖果的长度和宽度，同时剥开果实计数其种子个数，并测定其相应的种子千粒重，之后对测定数据进行方差分析。方差分析的条件为各样本间服从正态分布，各样本是独立且随机的，各样本间的方差大致一致，则

$$S^2 = \frac{\sum\left(X - \bar{X}\right)^2}{N-1} \ , \quad F = \frac{S_b^{\ 2}}{S_w^{\ 2}} \ , \quad S_b^{\ 2} = \frac{SS_b}{df_b} \ , \quad S_w^{\ 2} = \frac{SS_w}{df_w} \ ,$$

$$SS_b = \sum\sum X^2 - \frac{\left(\sum\sum X\right)^2}{N} \ , \quad SS_w = \sum\sum X^2 - \frac{\left(\sum\sum X\right)^2}{N} \ ,$$

式中：S^2 为方差；N 为样本总数；$N-1$ 为自由度；X 为样本观测值；$\bar{X}$ 为样本观测值的平均值，b 代表组间，w 代表组内，$F > 1$ 表示平均数之间有显著性差异存在。$S_b^{\ 2}$ 为组间方差无偏估计数，$S_w^{\ 2}$ 为组内方差无偏估计数，SS_w 为组内离均差平方和，SS_b 为组间离均差平方和，df_b 为组间自由度，df_w 为组内自由度。

相关分析中相关系数的计算：

$$r_{ij} = \frac{\sum\limits_{i,j=1}^{N}\left(x_i - \overline{x_i}\right)\left(x_j - \overline{x_j}\right)}{\sqrt{\sum\limits_{i=1}^{N}\left(x_i - \overline{x_i}\right)^2 \sum\limits_{j=1}^{N}\left(x_j - \overline{x_j}\right)^2}} \ ,$$

式中：r_{ij} 为 i 和 j 间的相关系数；N 为样方数目；x_i，x_j 均为观测值；$\overline{x_i}$，$\overline{x_j}$ 均为观测值的平均值。

5.2　结果与分析

连香树果序的方差分析结果中，种子数的 $F=1.629$，$P \approx 0.048$，果实长的 $F=2.167$，$P \approx 0.004$，果实宽的 $F = 2.431$，$P \approx 0.001$。表明按 0.05 的检验水准，拒绝无效假设，可以认为两个居群的连香树果序间的果实长、果实宽以及种子数均存在显著的差异。相关分析结果见表 5-1。

表 5-1　连香树种子的相关分析

项目	种子数		果实长		果实宽	
	相关系数	P 值	相关系数	P 值	相关系数	P 值
种子数	1	0	0.041	0.777	0.019	0.894

续　表

项目	种子数		果实长		果实宽	
	相关系数	P 值	相关系数	P 值	相关系数	P 值
果实长	0.041	0.777	1	0	0.467**	0.001
果实宽	0.019	0.894	0.467**	0.001	1	0

注：＊＊表示在 0.01 水平显著相关。

相关分析结果表明，两个居群的连香树果实长度和宽度显著相关，而种子数与果实长度和宽度均不存在显著相关。说明两个居群的连香树果实种子数量由本身的遗传因子所控制，而果实的长度和宽度则受环境的影响较大，在一定范围内可以上下波动。

本研究表明，两个居群的连香树种子较小，具翅，千粒重在 0.494 ~ 0.565 g。

5.3　结论与讨论

我们所研究的两个居群的连香树种子数量由本身的遗传因子所控制，果实长度和宽度显著相关，而种子数与果实长度和宽度均不存在显著相关。这与向光锋等（2019）对湖南新宁、福建武夷山的乐东拟单性木兰种子形态特征不同，但与常恩福等（2019）对建水县 5 个锥连栎种群的 34 个家系的研究结果中，种长、种宽性状指标在家系内、家系间及种群间均存在着显著差异（$P < 0.05$）或极显著差异（$P < 0.01$）结论相近。这可能与物种本身的遗传特征有关，不同物种在同一形状上有不同的规律。但这表明，植物种子形状是随着植物种类、生境等因素会发生变异，这与王玮槐等（2019）对 9 个无性系及 21 个优树的红松种子的研究结果相似。因此，对同一物种不同种源的群落种子，其性状变化值得深入研究。

第六章　连香树胚珠结构研究

胚珠是种子的前身，是雌配子体产生，受精作用完成以及种子发育的场所，在植物有性生殖中有着举足轻重的作用。胚珠发育异常的突变体往往会表现出雌性不育或无籽，给实际生产带来影响。成熟的胚珠包括珠被、珠心、珠柄、合点几个部分，其中珠心内产生胚囊，即雌配子体，由七胞八核组成，因此胚珠的发育过程是一个严密而精细的细胞特性分化过程，研究胚珠发育的机制以及遗传演变过程在生产和科研上都具有重要的实际意义。近年来随着转录组测序和高通量测序技术的发展，人们对于胚珠发育又有了进一步的认识，并提出了影响胚珠发育的相关基因调控网络。胚珠是被子植物雌配子体的载体，是种子的前身，在植物有性生殖过程中占有十分重要的地位，研究胚珠发育的机制一直是人们关注的热点（刘彩贤等，2018）。

连香树科繁殖器官具有一些原始的特征，如无苄基异喹啉生物碱，具前花青苷，珠心厚，腺质绒毡层，蓼型胚囊等（路安民等，1991）。其花单生，具苞片，为三沟花粉，其药隔不伸出，为离生心皮雌蕊，胚珠多数，边缘胎座，胚乳为细胞型且成熟的种子中含有胚乳，为蓇葖果。这些初生、原始的特征支持连香树科是继昆栏树目之后较早分化出来属金缕梅亚纲古老类群的观点（路安民等，1991）。

连香树为落叶乔木，树皮灰色或棕灰色，小枝无毛，芽鳞片褐色。叶近圆形、椭圆形、宽卵形或心形，先端圆钝或急尖，边缘有园钝锯齿，先端具腺体，两面无毛，下面灰绿色，叶柄无毛。雄花常4朵丛生，近无梗，苞片在花期红色，膜质、卵形；雌花2～6朵丛生；蓇葖果2～4个，荚果状，微弯曲，先端渐细，种子数个，扁平四角形，先端有透明翅。子叶长椭圆形，先端钝，边缘常呈红色，具短柄。叶脉为掌状环曲脉序，气孔仅分布在下表面，不规则。在雌花序中，生殖轴产生2～6个心皮，心皮腹缝线都明显远离轴。雄性花蕊簇生在雄性生殖轴顶端，像心皮被苞片包裹着一样，其外由4个膜质苞片包裹。花粉粒球形、近长球形、长球形，具3孔沟。珠心厚，腺质绒毡层，蓼型胚囊（路安民等，1991）。对连香树营养器官和木材的解剖学特征研究，也有报道（黎明等，2005；王东等，1991）。但对连香树胚珠发育特征的研究，近年来未见报道。关于胚珠发育的知识是理解种子的结构的关键（Boesewinkel et al.，1984），但通常这些信息通过干燥的材料来获得是非常困难的（Gardner，1999），因此，我们通过新鲜连香树果实样品的显微和超微结构的研究，希望有助于掌控连香树的物候期，而且对树种遗传性状的研究具有积极的意义。

6.1 物候观测

对南京中山植物园连香树成年植株的观测表明，3月上旬时芽为紫红色，雌株的芽大于雄株，遇气温偏高时转为红色，天气突然降温，雌雄芽均会收缩，由红色转为褐红。3月中旬，芽局部露白并开始膨胀。3月下旬芽的生长明显，新芽可长到3～5 mm。4月4日左右，第一片叶长出。4月上旬花和叶均展开，4月中下旬，叶片可完成形态生长。11月上旬叶片开始脱落，11月下旬，蓇葖果成熟。

6.2 胚珠的显微结构

6.2.1 材料与方法

6.2.1.1 试剂与药品

酒精，冰醋酸，甲醛，二甲苯，石蜡，明胶（动物胶），蒸馏水，甘油，苯酚（结晶），番红，固绿，加拿大树胶。

6.2.1.2 材料处理

连香树材料采集时间为每月中旬，并根据资料记载在对应生长期增加采集次数和缩短间隔时间。材料采集地为中山植物园。

将采集的新鲜、健康生长、有代表性的连香树嫩芽及幼果迅速放入50%的FAA（50%酒精：冰醋酸：甲醛 = 90：5：5）固定液中，使其达到迅速杀死和固定组织或细胞生活状态的目的。

为了使材料变硬，形状更加稳定，以及除尽材料中的水分，使包埋剂和封固剂渗透到组织中，先后用体积分数为50%、70%、85%、95%、100%、100%的乙醇各脱水半小时。然后将脱水好的材料进行透明和浸透处理，其流程为：材料放于 3/4 纯乙醇 + 1/4 二甲苯中半小时→1/2 纯乙醇 + 1/2 二甲苯中半小时→3/4 二甲苯 + 1/4 纯乙醇中半小时→纯二甲苯半小时→2/3 纯二甲苯 +1/3 熬好的液态石蜡半小时→38℃烘箱中过夜→将烘箱温度升高到62℃，石蜡溶解放于烘箱中→将杯中 2/3 纯二甲苯 +1/3

熬好的液态石蜡倒掉 1/3，并补充液态石蜡 1/3 → 1 h 后将杯中的二甲苯 + 液态石蜡混合液去掉一半，并补充一半的液态石蜡 → 1 h 后将杯中的二甲苯 + 液态石蜡混合液去掉 2/3，并相应补充 2/3 的液态石蜡 → 2 h 后去掉二甲苯 + 液态石蜡混合液，补充等量纯液态石蜡 → 两小时后去掉液态石蜡，补充等量纯液态石蜡。之后进行包埋，修整蜡块。

将修整好的蜡块安放在切片机的夹物部上，检查刀口，调整切片刀的角度为 5° ~ 8°，调整厚度计为 8 μm，然后均匀用力摇动飞轮进行切片，蜡带长度达到 20 ~ 30 cm 时，用毛笔挑起安放于盘中的白纸上，按顺序排好。

配制 Haupt 粘贴剂的溶液甲（明胶 1 g，蒸馏水 100 mL，甘油 15 mL，苯酚 2 g）和溶液乙（甲醛 4 mL，蒸馏水 100 mL）。在擦净的载玻片上滴一滴甲液，涂匀，加 1 ~ 2 滴乙液，蜡片光面向下放于液面，36 ℃左右烤片台使蜡片缓慢完全伸平，吸去多余的水，烤干或 37 ℃烘箱烘干。

切片在二甲苯中完全去掉石蜡 → 2/3 二甲苯 + 1/3 纯乙醇 1 ~ 2 min → 1/2 二甲苯 + 1/2 纯乙醇 1 ~ 2 min → 1/3 二甲苯 + 2/3 纯乙醇 1 ~ 2 min → 纯乙醇 1 ~ 2 min → 95% 乙醇 1 ~ 2 min → 90% 乙醇 1 ~ 2 min → 80% 乙醇 1 ~ 2 min → 70% 乙醇 1 ~ 2 min → 50% 乙醇 1 ~ 2 min → 放入 0.5% 番红的 50% 乙醇溶液中染色 6 ~ 12 h → 50% 乙醇洗去多余的染料 → 70% 乙醇脱水 1 min → 80% 乙醇脱水 1 min → 90% 乙醇脱水 1 min → 95% 乙醇脱水 1 min → 0.5% 固绿（95% 乙醇溶液）中染色 1 min → 用 95% 乙醇分色 → 纯乙醇 1 min → 纯乙醇 1 min → 2/3 纯乙醇 + 1/3 二甲苯 1 min → 1/2 纯乙醇 + 1/2 二甲苯 1 min → 1/3 纯乙醇 + 2/3 二甲苯 1 min → 二甲苯 1 min → 二甲苯 1 min → 加拿大树胶封固 → 贴标签。显微镜下观察，拍照。

6.2.2　结果与分析

光学显微研究结果表明，在南京地区，11 月初连香树胚珠已经开始发育，4 月中旬可以观察到胚珠的明显发育过程。从 11 月上旬至次年 4 月上旬，可明显看到胚珠的发育过程细胞结构形态的变化。4 月 18 日左右能观察到珠被和珠心的明显形态（图 6-1）。在结构中可观察到将来发育为透明种子翅部分的一圈组织。研究表明，连香树在南京地区 4 月份已经进入胚珠的发育过程，与文献记载的花期 4 ~ 5 月基本一致（郑万钧等，1983；江西植物志编辑委员会，2004；安徽植物志协作组，1987）。

珠被

珠心

图 6-1　胚珠的纵切面图

6.3　胚珠的超微结构

6.3.1　仪器和药品试剂

HITACHIH-600 透射电子显微镜，LKB-V 超薄切片机，戊二醛，锇酸，丙酮，磷酸缓冲液，醋酸铀，柠檬酸铅，Epon812 包埋剂。

6.3.2　材料与方法

材料来源于中山植物园的连香树成林，胸径 14 cm，树高 10 m。取样时间为 2005 年 4 月 18 日。方法步骤如下：

（1）取连香树活体材料于 4% 的戊二醛（glutaraldehyde，C5H8O2）中预固定 24 h，然后用 0.1 mol/L 的磷酸缓冲液（PBS）清洗 3 次；

（2）用 1% 的锇酸（osmium tetroxide，OsO_4）固定 2 h，0.1MPBS 清洗 3 次；

（3）先后用 30%、50%、70%、90% 的丙酮各脱水一次，然后用无水丙酮脱水两次；

（4）用 1：1 的无水丙酮：Epon812 包埋剂渗透 2 h；

（5）用 1：2 的无水丙酮：Epon812 包埋剂渗透 2 h；

（6）用纯 Epon812 包埋剂渗透 12 h（过夜）；

（7）35 ℃包埋、聚合 24 h，45 ℃包埋聚合 24 h，60 ℃包埋聚合 48 h；

（8）半薄切片定位；

（9）LKB-V 超薄切片机超薄切片；

（10）用醋酸铀（uranyl acetate）、柠檬酸铅双染色；

（11）HITACHIH-600 透射电子显微镜观察、拍片。

6.3.3 结果与分析

细胞分化是一个复杂的生理生化和形态结构变化过程（方炎明，2006）。在胚珠发育过程中，通过细胞切片显示，细胞分化的初期，细胞较小，细胞核大并居于细胞中间，液泡较小，细胞质中细胞器较丰富（如线粒体、高尔基体和内质网等），胞间连丝随处可见。随着细胞分化的进行，其细胞核大且居于细胞中部，液泡较多，细胞质减少，内含高尔基体、线粒体、内质网、质体等，液泡开始增大，胞间连丝丰富。随着细胞分化的进行，细胞中液泡增大，液泡中开始出现多泡体，细胞核仍然较大，细胞器依然丰富（线粒体、高尔基体、内质网、胞间连丝、质体等），只是在紧贴细胞壁的质膜上开始出现排列紧密的高电子致密物质。随着细胞分化的继续（图6-2），大多数细胞中含较大的中央液泡，细胞质、细胞器相对减少，仍然可见线粒体、高尔基体、胞间连丝，液泡中含较多的多泡体，细胞壁上出现不连续的高电子致密物质；偶见细胞核大且居中、含较多细胞质的细胞，其液泡中出现较多的多泡体。

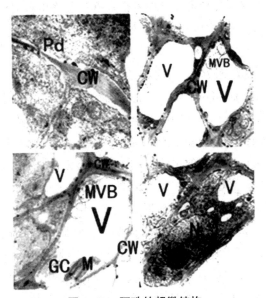

图6-2 胚珠的超微结构

Pd- 胞间连丝；V- 液泡；N- 核；Nu- 核仁；GC- 高尔基体；

M- 线粒体；CW- 细胞壁；MVB- 多泡体

6.4 结论与讨论

花部形态特征常被用作被子植物分类和系统演化的重要依据，因而，对花部结构的详细研究，具有重要的系统学和分类学意义（王军等，2017）。关于胚珠发育的生物学意义主要包括三个方面：① 虽然胚珠的结构比较简单，但它们具备植物发育的典型特征，如细胞与细胞之间的相互作用以及细胞的有序死亡；② 研究胚珠的发育对了解植物的有性生殖和雌性不育是必要的；③ 因为裸子植物同样有胚珠的形成，所以研究胚珠发育的机理将有助于从进化的角度探讨胚珠发育与心皮的关系（国凤利等，1996）。胚珠的形成与发育不是随心皮的形成而自发产生的结构，其本身是一个需要特殊基因参与的有序的形态建成过程。当这些特殊基因由于突变而失去功能时，胚珠的形成受到抑制，胚珠原基转而形成第 4 轮花器官的结构。犹如萼片、花瓣、雄蕊和心皮由于基因突变可以互换身份一样，胚珠也可以由于基因突变而与心皮互换身份，表明胚珠在花中的地位与其他花器官一样，是花的第 5 轮花器官（刘宁，2016）。

在拟南芥中，*SEED-STICK*（ *STK* ）是参与控制胚珠和种子正常发育，促进成熟种子散播的 D 类 MADS–box 基因，与其功能相一致，其表达有很强的时间特异性和组织特异性（Dreni et al.，2014）。与日本晚樱的单瓣花相比，重瓣花萼筒有许多异位着生的胚珠，其胚珠着生的部位与 *Prse STK* 基因在重瓣花中的表达区域高度一致，进而造成日本晚樱的单瓣与重瓣花形态差异（刘志雄等，2015）。我们的研究发现：① 在南京地区，在 2014 年的 11 月初连香树胚珠已经开始发育，4 月中旬可以观察到珠被和珠心的明显形态；② 在胚珠发育过程中，细胞壁上逐步出现不连续的高电子致密物质，液泡逐渐变大，细胞分化逐渐明显。在连香树胚珠发育的各个阶段及相关时期，加强对成年树的经营管理，以便获得发育良好的种子，也是一项比较好的保育措施。本书对连香树生殖生物学进行的研究，不仅有助于掌控连香树的物候期，而且对杂交育种亲本的选择、风景园林树种遗传性状的研究具有积极的指导意义。

第七章 连香树群落特征研究

连香树是优良的速生用材和观赏树种，又是重要的中药材和香料工业植物（宋朝枢等，1989），因而逐渐被世界各国作为速生用材和庭院绿化树种广泛引种栽培（Bob，1995）。10 年生连香树人工群落平均单株的生物量随年龄的增加而增大，在 8～9 年生时，增加达最大，此后连年生长量有降低的趋势，表明群落开始郁闭，并发生资源和空间的竞争（万涛等，2002）。根据重要值，连香树＋涴毛绸李群落是神农架南坡珍稀植物群落的 3 种类型之一（江明喜等，2000）。以连香树等树种组成的落叶阔叶林是卧龙野生大熊猫主要栖息地之一（周世强等，2003）。以珍稀濒危植物典型群落类型在综合资源轴上取样地段为一维资源状态，对重庆市巫溪县白果林场珍稀濒危植物种群生态位特征研究表明，连香树与巴山榧（*Torreya fargesii*）、水青树和鸡爪槭（*Acer palmatum*）之间的生态位重叠很高，但它们在垂直结构上有所分化（魏志琴等，2004）。

10 年生连香树人工群落生物量的研究表明，97.48% 的根集中于 0～20 cm 土层，69.93% 的根分布于距干基 40 cm 的水平范围，92.07% 的叶分布于 3～6 m 的垂直范围，83.8% 的叶分布于距干基 1 m 的水平范围（潘开文等，1999）。群落中地上生物量占群落总生物量的 60.2%，地下部分生物量占群落总生物量的 37.8%（潘开文等，1999）。10 年生连香树人工群落平均木个体材积和生物量生长高峰期在第 8～9 年龄、树高生长高峰期在第 4～5 树龄、地径在第 6～7 树龄、胸径在第 5～6 树龄（万涛等，2002）。连香树胸径、地径、树高、材积和生物量等随年龄变化曲线几乎都呈逻辑斯谛曲线，其中以树高、胸径等最明显。人工种植连香树在树龄为 6 年后开始郁闭，从而导致地径、胸径、树高、生物量和材积等生长速度减慢（潘开文等，1999）。57 年生连香树树干解析资料表明，材积年平均生长量为 0.003 22 m³。整个生长过程呈上下波动，出现两次生长高峰期。第一次高生长高峰期出现在第 10 年，胸径生长高峰出现在第 20 年，而材积生长高峰期出现在第 30 年。在第 40 年、第 50 年、第 55 年其高、胸径、材积分别出现第二次生长高峰（曹基武等，2002）。有研究表明，岷江上游四川茂县连香树人工林地上生物量与胸径关系模型的相关性都达到极显著（孔维静等，2004）。

土壤种子库（soil seed bank）是指由埋藏在土壤中或土壤表层、具有活力种子组成的储藏库。它是潜在的植物群落，当地上植物群落受到干扰、群落小环境发生改变，这些种子能够迅速萌发和生长，对各种环境资源展开竞争（Hyatt et al.，2000）。土壤种子库在森林干扰后的更新与恢复、生物多样性维持等方面起着重要作用（刘文胜等，2003）。有研究表明，连香树、油松（Pinus tabuliformis）混交林土壤种子库储量和物种数量都大于连香树人工纯林，土壤种子库密度的垂直分布均为上层最大，下层最小（刘文胜等，2003）。

森林凋落物不仅参与元素循环，而且凋落物层还有保持水土和涵养水源作用。四川省茂县连香树人工林叶年凋落量占年总凋落量的比例明显大于其他组分的凋落量，其中，叶凋落集中在 10 月、11 月，花凋落高峰期出现在 4 月（孔维静等，2004）。土壤酶来自微生物、植物和动物活体或残体，通过催化土壤中的生化反应发挥重要作用。四川岷江上游典型连香树森林土壤中，脲酶、过氧化氢酶、蛋白酶、蔗糖酶活性，均随着土层深度的增加而呈现递减趋势，上层（0 ~ 20 cm）是下层（20 ~ 40 cm）的 2 ~ 6 倍（高祥斌等，2005）。10 年生连香树人工群落中营养器官 8 种元素（Ca，N，Al，K，Mg，P，Fe，Mn）的平均含量以 Ca 最大，Mn 最小，元素量在根的分配量最大，在枝的分配量最小，51.2% 的总 K 量靠降水淋溶归还，其余元素总归还量的 55.7% ~ 96.5% 靠凋落物归还（潘开文等，2001）。

连香树是耐铝植物，土壤中活性铝含量高低与连香树人工林生长量之间的线性相关关系显著。海拔对连香树人工林生长和土壤活性铝含量的影响则极显著，在海拔基本一致条件下，（Ca+Mg）/Al 值越大，连香树地径、胸径和树高生长越好，反之则生长较差（潘开文，1999）。但土壤中活性铝过高过低都不利于连香树的生长，尤其当活性铝含量高时，抑制连香树根的生长及水分和 Ca、Mg 离子吸收，降低光合作用。活性铝与连香树细胞内有机酸、三磷腺苷和脱氧核糖核酸等重要的生物高分子螯合，严重干扰连香树正常生理代谢。活性铝与钙调节蛋白结合使之失去调节许多重要酶活性作用，引起连香树代谢紊乱和失调，出现细胞和组织伤害的综合症状，最终导致连香树死亡（廖自基，1992）。

有研究表明，连香树一般适宜生长在土壤疏松多孔、富含有机质、自然含水率较高以及空气平均湿度较大的区域（潘开文等，2001）。10 年生连香树人工群落与环境关系的研究表明，土壤中有机质、有效 Ca，Fe，Mg 和 N 之间有较强的相关性；土壤有效元素除 N 和 Mn 外，一般都不直接影响群落对土壤中各对应有效元素的吸收和积累。连香树在不同生境条件下，对土壤元素的吸收有一定选择性。土壤有效 P 对连香树生长的影响小。对连香树地径、胸径、树高和生物量影响最大的因子是土壤化学性质，最小的是气候（潘开文等，2001）。岷江上游连香树林地外源性

C，N 干扰试验研究表明，施 N 干扰使连香树林地土壤脲酶和过氧化氢酶活性降低，且有随施用量增加而减小的趋势，但使蔗糖酶活性增加；施 C 干扰使脲酶、过氧化氢酶和蔗糖酶活性较对照有不同程度的提高，且以弱度干扰效果较好（杜红霞等，2006）。

连香树在不同生长季节，不同部位和不同器官中时刻都存在元素的体内迁移。分布在不同地区的连香树，各元素在体内迁移的特点不同。在西部高海拔地区，Fe 在连香树体内难转移，而叶凋落前 Fe 的高度转移与其促进生理成熟有关，Al，Mn 对连香树的毒害机理相近，其高度转移主要是加快叶的死亡和脱落，K 的迁移率高于 P，N，Ca 的迁移率最低。不同的元素迁移方向各有特点，连香树叶中的 N，P，K，Ca，Mg 等营养元素向其他器官迁移，以减少因凋落而引起的损失，而 Fe，Mg，Al 则由其他器官向叶迁移，以促进连香树叶的生理成熟而凋落归还林地。在西部高海拔地区连香树幼林的凋落物营养元素组成中，N 素含量高，这有利于土壤微生物活动和矿化作用，促进森林生态系统生物良性循环（潘开文，2001）。由于连香树中龄林、成熟林林分少见，因此对其相应群落内养分循环的研究未见报道。

连香树幼林代谢越旺盛的部位，各营养元素的含量越高。其中 P 和 Al，Ca 和 Fe，Mg 和 Mn，N 和 K 在连香树各营养器官中富积趋势一致。连香树对 Ca 的积累量最多，因 Ca 和 Al 的相克作用，使连香树具有耐 Al 性。K 的主要归还途径是降水淋溶，Al 几乎不通过淋溶归还。连香树群落利用效率最高的元素是 P，最低的是 Mg；周转期最长的是 P，最短的是 Mg。吸收系数最大的是 P，最小的是 Mn、Al，归还系数和积累系数最大的都是 P，积累系数最小的是 Mn（潘开文等，2001）。连香树中、成林的养分元素归还、积累情况研究还有待于后续的开拓。

有研究表明，连香树幼林群落平均幼树个体光合系统生物量水平分布和垂直分布、干枝生物量垂直分布以及各相邻单位高度枝干生物量随高度的变化，均呈现"中间大两头小"态势。干枝生物量分布趋势和根的水平分布一样，距干基越远，生物量越小。在幼林内，距干基半径 0.4 m 范围内的根生物量占了绝对优势。吸收根的水平分布类似于根，与地上叶的分布特征趋同。连香树群落的幼树侧枝发达，萌芽能力强，光能和有效光能利用率高，其人工群落的净生产力在最适宜生长的地段，接近于连香树的气候生产力。连香树是浅根型树种，其群落根系生物量在某一地段的生产结构分布，既是连香树长期适应"吸收—归还"的进化结果，又利于促进群落"吸收—归还"的良性循环，进而实现相应地段群落的持续发展（潘开文，1999）。由于缺少对连香树中龄林、成熟林群落的研究，同时对幼林群落学特征的研究也局限于某一特定地区，因此，对于连香树群落演替过程中的大量群落学特征还有待于进一步研究。在连香树分布的局部区域的研究成果，是否适用于其他地区的连香树，也是今后的研究应关注的问题。

自 1866 年海克尔最先提出生态学是研究有机体与其周围环境之间相互关系的科学概念以来，它的研究对象、内容、任务和方法不断地演变、拓宽，越来越受到世人普遍关注（何方，2001）。生物多样性是当前生态学研究的热点之一，物种多样性层次是最直接、最易观察和最适合研究生物多样性的层次（李博，2000）。群落中物种如何共存是群落生态学研究的重要问题之一（侯继华等，2002）。物种多样性的维持机制是生物多样性研究的一个核心和前沿领域（尚文艳等，2005）。物种多样性的调查和测算是研究物种共存和物种多样性维持机制的基础。物种多样性的研究既是遗传多样性研究的基础，又是生态系统多样性研究的重要方面。影响植物群落物种组成的主要因素有：一个地区的植物区系、某一物种到达该地区的能力、植物的生态特性（Mueller-Dombois et al.，1974）。

随着生态学科的发展，生态位理论和方法越来越受到动物生态学家和植物生态学家的关注。生态位理论是近代生态学的核心内容之一（李博，2000；Manuel et al.，1999）。生态位的概念最初由动物学家 Joseph Grinnell 和 Charles Elton 提出（Chase，2003），是指通过资源利用或环境条件轴来定义的 n 维超体积（Hutchinson，1957）的多边体（Jonathan，2004）。经典的生态学理论基于 Gause 的 Lotka-Volterra 模型，认为占据不同的生态位是竞争种稳定共存的条件（Chase，2003）。强调生态位轴和生境的时、空异质性的理论模型（Hubbell，2001；Chesson，1994；Fargione，2003），推动了生态位无明显差异植物竞争种共存现象的解释。由于生态位理论在研究种间关系、群落结构、种的多样性及种群进化等方面被广泛应用和取得的成果，使生态位理论成为近 20 年来生态学研究中非常活跃的领域之一（Shi，1999）。研究濒危物种种群的生态位对认识濒危物种在森林群落中的地位与作用，探讨濒危物种的濒危原因及保护管理等都有十分重要的意义。

本研究利用野外样地调查方法，对 4 个典型连香树野生居群所在群落的物种多样性以及其中的 8 个主要树种生态位进行了测定计算，希望通过研究对下列问题进行探讨：① 典型群落的物种多样性比较；② 主要物种的生态位宽度、生态位重叠和生态位相似性比例。

7.1　各居群自然条件

生境异质性是引起群落物种多样性动态及差异的重要因素，而这些异质生境很大程度上是由环境因子的区域作用引起的（彭闪江等，2003）。对群落特征的研究是在调查群落自然条件基础上进行的，因此，需对各居群的自然条件进行了解，本研究各居群的自然条件与 4.1.2 相同。

7.2　调查和计算方法

7.2.1　样地设置及重要值计算

在连香树天然分布区内，分别选择各居群所在群落中具有代表性的地段，设置 10 个面积为 400 m²（20 m×20 m）的样地，再将各样地分成 16 个面积为 25 m²（5 m×5 m）的小样方，调查记录每个小样方内所有乔木、灌木和草本植物的种类、数量和多度、盖度、生活力等；对样地内的乔木树种（胸径 ≥ 8 cm）进行每木调查，实测其胸径、树高、枝下高、冠幅等指标，并计算其重要值，以确定优势种。重要值的计算方法：

$$重要值 = \frac{相对密度＋相对优势度＋相对频度}{3}$$

$$相对密度 = \frac{某一种的个体数}{全部种的个体数} \times 100\%$$

$$相对优势度 = \frac{某一种的基面积之和}{全部种的基面积之和} \times 100\%$$

$$相对频度 = \frac{某一种的频度}{全部种的频度之和} \times 100\%$$

$$某一种的频度 = \frac{某一种出现的样方数目}{全部样方数目} \times 100\%$$

7.2.2 物种多样性测定

选择有代表性的四川宝兴居群、湖北巴东居群、湖北长阳居群和湖南新宁居群，对其所在群落的物种多样性作分析。植物群落物种多样性采用物种丰富度指数、物种多样性指数和群落均匀度三类指标来测度，计算方法如下。

物种丰富度指数（S）：样地中的物种总数（岳明等，1997）；

物种多样性指数：

（1）Simpson 指数 $D = \dfrac{N(N-1)}{\sum n_i(n_i-1)}$（杨一川等，1994）；

（2）Shannon−Wiener 指数 $H = -\sum p_i \ln p_i$（马克平，1994）；

（3）群落均匀度指数 $R = -\dfrac{\sum p_i \ln p_i}{\ln s}$（李育中等，1990）。

上述三式中，N 为所有物种的总个体数，n_i 是第 i 个种的个体数，p_i 是第 i 个种的个体数 n_i 占总个体数 N 的比例，即

$$p_i = \frac{n_i}{N}$$

7.2.3 物种生态位测定

参照以不同高度作为一维资源位状态，以个体多度为生态位计测的资源状态指标（胡喜生等，2004；苏志尧等，2003；黄绍辉等，2005），按照三个层次即更新层（胸径 ≤ 3 cm）、演替层（3 cm ＜胸径＜ 8 cm）和主林层（胸径 ≥ 8 cm）进行调查，对宝兴居群、巴东居群、长阳居群和新宁居群所在群落的连香树等 8 个优势树种进行生态位计测和分析。

7.2.3.1 生态位宽度

选择了 Levins（1968）的生态位宽度计算公式对生态位宽度进行测算，即

$$B_{(L)i} = \frac{1}{r\sum_{j=1}^{r} P_{ij}^2},$$

式中：r 为资源位数；P_{ij} 为树种 i 利用第 j 种资源占其利用全部资源的比例；$B_{(L)i}$ 为树种 i 的 Levins 生态位宽度指标，其域值范围为 [$\frac{1}{r}$，1]。

7.2.3.2 生态位重叠

Pianka（1974，1976，1981）提出"生态位重叠假说"，即"最大允许生态位重叠在相对不饱和的群落或群落部分应该较大"，或者说"最大允许生态位重叠应与竞争水平成反比"。本研究选择了以下几种方法进行计算。

（1）Levins（1968）种间物种生态位重叠测度公式

$$L_{ih} = B_{(L)i} \sum_{j=1}^{r} P_{ij} \times P_{hj},$$

式中：L_{ih} 为树种 i 重叠树种 h 的生态位重叠指标；$B_{(L)i}$ 为树种 i 的 Levins（1968）生态位宽度指标。

（2）Pianka（1974）种间物种生态位重叠测度公式

$$NO = \frac{\sum_i P_{ki} P_{hi}}{\sqrt{\sum_i P_{ki}^2 \times \sum_i P_{hi}^2}}$$

（3）Horn（1966）提出采用 Morisita（1965）指数来测度种间物种的生态位重叠值，测度公式为

$$NO = \frac{2\sum_i P_{ki} P_{hi}}{\sum_i P_{ki}^2 + \sum_i P_{hi}^2}$$

7.2.3.3 生态位相似性比例

$$C_{ih} = 1 - \frac{1}{2} \sum_{j=1}^{r} \left| P_{ij} - P_{hj} \right|,$$

式中：C_{ih} 为树种 i 与树种 h 的生态位相似性程度，其域值为 [0，1]；P_{ij} 和 P_{hj} 分别为树种 i 和 h 在 j 资源位上的多度百分率。

7.3　结果与分析

7.3.1　群落乔木层树种的重要值

7.3.1.1　宝兴连香树群落乔木层树种的重要值

在宝兴连香树群落乔木层组成树种中，胡桃是最重要的伴生树种，其重要值为27.44，远大于群落中伴生树种天全槭（*Acer sutchuenense*）的重要值16.35。濒危植物珙桐、水青树、猫儿刺（Ilen pernyi）及领春木等在群落中的重要性代表了该地区连香树群落的古老性（见表7–1），构成连香树＋胡桃＋珙桐群落类型，群落中包含有4种濒危保护植物。

表7–1　宝兴连香树群落乔木层树种的重要值（胸径≥8 cm）

种类	相对密度	相对频度	相对优势度	重要值	重要值序
连香树	63.93	16.13	70.71	150.77	1
胡桃	6.55	14.52	6.37	27.44	2
珙桐	6.56	11.29	6.39	24.24	3
猫儿刺	6.56	12.9	3.49	22.95	4
水青树	4.92	11.29	4.62	20.83	5
多脉鹅耳枥	4.92	12.9	2.36	20.18	6
领春木	3.28	11.29	2.67	17.24	7
天全槭	3.28	9.68	3.39	16.35	8

注：表中各数值为各样方的平均值。

7.3.1.2　巴东连香树群落乔木层树种的重要值

在巴东连香树群落乔木层组成树种中，珙桐是最重要的伴生树种，其重要值为36.39，远大于群落中伴生树种巴东栎（*Quercus engleriana*）的重要值16.43。濒危植物水青树等在群落中的重要性代表了该地区连香树群落的古老性（表7–2），而枫杨（*Pterocarya stenoptera*）、麻栎和巴东栎等落叶树种比例代表了巴东连香树群落具有温带分布性质，具备亚热带向温带过渡特征。多树种构成连香树＋珙桐＋水青树＋枫杨的群落类型，群落中包含有4种濒危保护植物。

表7-2　巴东连香树群落乔木层树种的重要值（胸径≥8 cm）

种类	相对密度	相对频度	相对优势度	重要值	重要值序
连香树	57.69	18.18	70.38	146.25	1
珙桐	11.54	16.36	8.49	36.39	2
水青树	5.77	14.55	4.29	24.61	3
枫杨	5.77	14.55	2.76	23.08	4
白辛树	5.77	9.09	3.42	18.28	5
麻栎	5.76	7.27	4.54	17.57	6
冬青	3.85	10.91	2.63	17.39	7
巴东栎	3.85	9.09	3.49	16.43	8

注：表中各数值为各样方的平均值。

7.3.1.3 新宁连香树群落乔木层树种的重要值

在新宁连香树群落乔木层组成树种中，苦木（*Picrasma quassioides*）是最重要的伴生树种，其重要值为41.11，远大于群落中伴生树种瘿椒树的重要值10.17。石楠（*Photinia serratifolia*）、冬青等在群落中的重要性代表了该地区连香树群落的亚热带性质（表7-3），而朴树（*Celtis sinensis*）等落叶树种比例代表了新宁连香树群落具有温带分布树种的入侵。多树种构成连香树＋苦木＋五裂槭（*Acer oliverianum*)的群落类型，群落中只包含有1种濒危保护植物。

表7-3　新宁连香树群落乔木层树种的重要值（胸径≥8 cm）

种类	相对密度	相对频度	相对优势度	重要值	重要值序
连香树	55.56	17.86	59.89	133.31	1
苦木	13.89	10.71	16.51	41.11	2

续 表

种类	相对密度	相对频度	相对优势度	重要值	重要值序
五裂槭	11.11	16.07	12.39	39.57	3
石楠	6.94	12.5	1.54	20.98	4
天师栗	4.17	12.5	2.99	19.66	5
冬青	2.78	14.29	2.14	19.21	6
朴树	2.78	8.93	4.28	15.99	7
瘿椒树	2.77	7.14	0.26	10.17	8

注：表中各数值为各样方的平均值。

7.3.1.4 长阳连香树群落乔木层树种的重要值

在长阳连香树群落乔木层组成树种中，青冈（*Cyclobalanopsis glauca*）是最重要的伴生树种，其重要值为28.04，远大于群落中伴生树种麻栎的重要值18.56。濒危植物珙桐、水青树等在群落中的重要性代表了该地区连香树群落的古老性（表7-4），而枫杨、麻栎等落叶树种比例代表了长阳连香树群落具有温带分布性质，具备亚热带性质的青冈、栲（*Castanopsis fargesii*）和冬青表明群落向温带过渡中，亚热带特征仍然占优势。多树种构成连香树＋青冈＋珙桐＋水青树的群落类型，群落中包含有3种濒危保护植物。

表7-4 长阳连香树群落乔木层树种的重要值（胸径≥8 cm）

种类	相对密度	相对频度	相对优势度	重要值	重要值序
连香树	58.33	16.67	62.38	137.38	1
青冈	6.25	13.33	8.46	28.04	2
珙桐	8.33	13.33	5.49	27.15	3
水青树	8.33	13.33	4.7	26.36	4
栲	6.25	11.67	5.02	22.94	5
枫杨	4.17	10	5.64	19.81	6

续　表

种类	相对密度	相对频度	相对优势度	重要值	重要值序
冬青	4.17	11.67	3.92	19.76	7
麻栎	4.17	10	4.39	18.56	8

注：表中各数值为各样方的平均值。

7.3.2　群落乔木层的物种多样性

生物多样性是当前群落生态学研究中十分重要的内容和热点之一（黄忠良等，2000）。目前生物多样性的研究以物种多样性的研究较多（郭正刚等，2003）。物种多样性代表着物种演化的空间范围和对特定环境的生态适应性，是进化机制的最主要产物及生物有机体本身多样性的体现，所以物种被认为是最直接、最易观察和最适合研究生物多样性的生命层次（李博，2000）。物种多样性的研究既是遗传多样性研究的基础，又是生态系统多样性研究的重要方面。大部分研究都是通过物种丰富度、均匀度、生态优势度和多样性等指数共同说明群落物种多样性，因为用任何单一的指数来体现群落多样性状况都是不足的（王永健等，2006）。对有代表性的四个居群所在群落的乔木层物种多样性测定结果见表7-5。

表7-5　各连香树居群群落乔木层物种多样性指数比较

居群	物种数	Simpson 指数	Shannon–Wiener 指数	群落均匀度
宝兴	72	2.39	1.342 8	0.314 0
巴东	75	2.86	1.475 7	0.341 8
长阳	73	2.83	1.472 6	0.343 2
新宁	79	2.94	2.230 0	0.510 4

物种多样性的纬度梯度变化明显，从赤道向两极，物种丰富度和多样性降低；南北半球从低纬度至高纬度物种多样性的减少速率并不对称；不同的热带森林群落之间物种多样性存在极大差异，而温带森林群落之间差异较小；南半球的温带森林群落和北半球相比，多样性较低（贺金生等，1997）。在我国从北到南随纬度的降低，落叶阔叶林乔木层、灌木层的物种多样性指数不断增加，草本层的物种多样性则先增加后又降低。物种多样性与水分的关系主要有 6 种模式，植物群落物种多样性同

水分之间的关系在不同地区并不一致，而且不同植物群落或物种与水分的相关关系也不同（吴勇等，2001）。从新宁居群至宝兴居群，随纬度及水热条件和地形地貌等生境的变化，各群落的乔木层物种丰富度、物种组成、多样性指数和群落的均匀度等均发生相应变化。其中新宁居群的群落乔木层物种丰富度最大（79），宝兴的最小（72），与纬度变化相对应。因此，群落乔木层的物种多样性研究表明，连香树居群所在群落的乔木层物种多样性与纬度梯度呈负相关关系。

海拔变化是植物群落物种分布和组成的决定性因素，植物群落的垂直结构主要受地带性气候所确立的水热组合影响（郭正刚等，2003）。群落内垂直层次结构及其物种多样性的动态是群落内垂直生态梯度的直接反映。物种多样性随海拔变化的规律是复杂的（李宗善等，2004；王长庭等，2004；朱彪等，2004）。多尺度海拔差值下的物种多样性海拔梯度研究具有更强的可比性，可使多样性变化更明显地表现出来（Kalkhan et al.，2000）。宝兴居群海拔最高，所在群落海拔在 2 000 ~ 3 000 m，群落的乔木层物种丰富度、多样性指数及群落均匀度都最小。而新宁居群的海拔最低，纬度也最小，其群落的乔木层物种丰富度、多样性指数及群落均匀度都最大。巴东、长阳居群的经纬度、海拔近似，其群落的乔木层各物种多样性指标差异不明显，而两者与宝兴居群相比，没有与新宁居群的差异显著。因此，几个居群的群落乔木层物种多样性指标表明，连香树居群所在群落的乔木层物种多样性与海拔高度梯度呈负相关关系。这种负相关关系与 Simpson（1964）对动物群落的研究结果一致，即高海拔与高纬度有相似的生态环境，具体表现为较高海拔与较高纬度地区的动物群落物种密度都较低（Simpson，1964）。

7.3.3 生态位

生态位理论经过 Grinnell（1917）、Smith（1982）、Mueller et al.（1985）、MacArthur（1967）、Levins（1968）、May（1972）等众多生态学家研究，已在种的适合性测度、种间关系、群落关系、多样性等研究中广泛应用。生态位是物种在特定尺度下特定环境中的功能单位，包括物种对环境的要求和环境对物种的影响两个方面及其规律，是物种属性的特征表现（Hurlbert，1978），它定量地反映物种与生境的相互作用关系（Leibold，1995；Aplet et al.，1994）。

生态位宽度主要反映物种对资源利用的程度，物种生态位宽度越大，说明物种的生态适应能力越强、生存机会越大、分布越广。不同物种在相同的环境下，其生态位宽度不同，同一物种在不同的生境下，其生态位宽度也不同（钱莲文等，2005）。生态位重叠是表明不同物种利用生态资源能力异同性的一个指标，生态位重叠值越大，表明两个物种利用资源的能力越相似，生态位重叠值越小，则表明两个物种利用资源的能力差异越大（毕晓丽等，2003）。生态位相似性比例是指两个树种利用资源的相似性程度（苏志尧等，2003）。

本书试图通过对新宁、长阳、巴东和宝兴4个连香树居群所在群落各主要组成树种生态位宽度、生态位重叠和生态位相似性比例的研究，揭示连香树居群对周围资源的利用状况及其与其他物种居群的竞争情况，为进一步探索其所在群落的稳定性、演替等提供理论基础，也为这一物种的保护提供基础资料。

7.3.3.1 宝兴居群连香树生态位

选取宝兴居群所在群落的主要树种连香树、珙桐、胡桃、猫儿刺、水青树、天全槭、多脉鹅耳枥、领春木进行生态位计测，其计测结果见表7-6。

表7-6 宝兴连香树群落主要树种的生态位指数

种类	生态位宽度指数	pianka 生态位重叠指数	Horn 生态位重叠指数	Levins 生态位重叠指数	生态位相似性比例
连香树	0.85	—	—	—	—
珙桐	0.53	0.39	1.89	0.91	0.76
胡桃	0.33	0.44	1.32	0.74	0.51
猫儿刺	0.53	0.39	1.89	0.91	0.76
水青树	0.33	0.44	1.32	0.74	0.51
天全槭	0.33	0.44	1.32	0.74	0.51
多脉鹅耳枥	0.99	0.29	2.56	0.92	0.82
领春木	0.33	0.44	1.32	0.74	0.51

生态位宽度是度量居群对环境资源利用能力的尺度（Weider，1993），群落中以多脉鹅耳枥的生态位宽度最大（0.99），其次是连香树（0.85），因此群落中多脉鹅耳枥和连香树对现有资源的利用能力高于群落中的其他树种。8个主要树种中，除珙桐和猫儿刺稍大（0.53）外，其余树种的生态位宽度都小，利用环境资源的能力都不强。Pianka生态位重叠指数和Horn生态位重叠指数都是表征连香树与生态位宽的多脉鹅耳枥、珙桐和猫儿刺的生态位重叠值大，与生态位小的其他树种的重叠

小，表明生态位重叠与生态位宽度有关，具较宽生态位的物种一般与其他物种具有较高的生态位重叠（王立龙等，2006）。但 Levins 生态位重叠指数表征的结果却相反。处于不同空间层次的物种，其生态位之间的重叠只是部分重叠。在同一生境条件下，部分生态位重叠的物种可以从不同的侧面去利用资源（余树全等，2003），正是这样的适应机制使连香树与其他树种共同构成稳定的群落系统。生态位相似性比例的结果表征为生态位宽的树种与连香树的相似性比例较高，而较小生态位宽度的其他树种与连香树的生态位相似性比例较低。生态位相似性比例与物种的生物学特性有关（余树全等，2003），生物学特性和生态学特性接近的树种的生态位重叠较大，反之则较小（吴刚等，1999）。

7.3.3.2　巴东居群连香树生态位

选取巴东居群所在群落的主要树种连香树、珙桐、水青树、冬青、巴东栎、麻栎、枫杨、白辛树进行生态位计测，其生态位计测结果见表 7-7。

表 7-7　巴东连香树群落主要树种的生态位指数

种类	生态位宽度指数	pianka 生态位重叠指数	Horn 生态位重叠指数	Levins 生态位重叠指数	生态位相似性比例
连香树	0.44	—	—	—	—
珙桐	0.46	0.32	1.34	0.989 5	0.899 95
水青树	0.33	0.38	1.14	0.984 9	0.866 65
冬青	0.33	0.38	1.14	0.984 9	0.866 65
巴东栎	0.33	0.38	1.14	0.984 9	0.866 65
麻栎	0.33	0.38	1.14	0.984 9	0.866 65
枫杨	0.53	0.30	1.44	0.986 8	0.850 00
白辛树	0.33	0.38	1.14	0.984 9	0.866 65

群落中枫杨的生态位宽度（0.53）最大，其次为珙桐（0.46）和连香树（0.44）。Pianka 生态位重叠指数和 Horn 生态位重叠指数表征连香树与枫杨、珙桐的生态位重叠较大，而与其他树种的重叠小，但彼此之间差别不大。而 Levins 生态位重叠指数

表征的结果则相反，同时各个树种间的差异也不明显。生态位相似性比例则是与珙桐的最大，与枫杨的最小。物种生态位宽度揭示了它们利用资源的能力的程度，也表征了它们的生态适应性和分布幅度。在共享资源不足的情况下，两个物种的生态位重叠在表征其生态相似的同时，还反映了它们之间存在的竞争关系；但如果共享资源丰富，则两个种的生态位重叠并不反映竞争的程度，而只表明这两个种因生态相似性而占据了相近的生态空间（颜廷芬等，1999）。

7.3.3.3　长阳居群连香树生态位

选取长阳居群所在群落的主要树种连香树、珙桐、水青树、栲、麻栎、冬青、枫杨、青冈进行生态位计测，其生态位计测结果见表7-8。

表7-8　长阳连香树群落主要树种的生态位指数

种类	生态位宽度指数	pianka 生态位重叠指数	Horn 生态位重叠指数	Levins 生态位重叠指数	生态位相似性比例
连香树	0.61	—	—	—	—
珙桐	0.89	0.26	2.06	0.913 5	0.785 7
水青树	0.89	0.26	2.06	0.913 5	0.785 7
栲	0.60	0.33	1.81	0.996 6	0.952 4
麻栎	0.33	0.41	1.25	0.879 4	0.678 6
冬青	0.33	0.41	1.25	0.879 4	0.678 6
枫杨	0.33	0.41	1.25	0.879 4	0.678 6
青冈	0.33	0.41	1.25	0.879 4	0.678 6

群落中以珙桐和水青树的生态位宽度最大，其次为连香树和栲。连香树与珙桐、水青树的 Pianka 生态位重叠指数最大，其次为与栲；与栲的 Horn 生态位重叠指数最大，而珙桐、水青树的次之；而 Levins 生态位重叠指数则是珙桐、水青树的最小，与 Pianka 生态位重叠指数的结果相反。连香树与栲的生态位相似性比例最大，其次为珙桐和水青树。在群落中，复杂的生态关系使各物种的生态位倾向于分享其他物种的基础生态位部分，结果导致两个或更多的植物物种对某些资源的共同需求使不同物种的生态位之间常处于不同程度的重叠状态（刘金福等，1999）。

7.3.3.4　新宁居群连香树生态位

选取新宁居群所在群落中主要树种连香树、冬青、石楠、朴树、瘿椒树、五裂槭、苦木、天师栗进行生态位计测，其生态位计测结果见表7-9。

表7-9　新宁连香树群落主要树种的生态位指数

种类	生态位宽度指数	pianka 生态位重叠指数	Horn 生态位重叠指数	Levins 生态位重叠指数	生态位相似性比例
连香树	0.55	—	—	—	—
冬青	0.33	0.413	1.24	0.934 6	0.75
石楠	0.64	0.077	0.445	0.248 9	0.25
朴树	0.33	0.413	1.24	0.934 6	0.75
瘿椒树	0.33	0.413	1.24	0.934 6	0.75
五裂槭	0.67	0.069	0.413	0.226	0.25
苦木	0.64	0.077	0.445	0.248 9	0.25
天师栗	0.33	0.413	1.24	0.934 6	0.75

群落中以五裂槭的生态位宽度（0.67）最大，与之相近的是苦木（0.64）和石楠（0.64），其次为连香树（0.55），表征了它们利用环境资源的能力及其顺序。无论是 Pianka 生态位重叠指数、Horn 生态位重叠指数，还是 Levins 生态位重叠指数，连香树均表现为与生态位宽度小的物种生态位重叠大，而与生态位宽度大的物种生态位重叠小。生态位相似性比例也表征出与生态位重叠同样的趋势。对重叠较大的种对，存在两种可能：一是物种间共享资源的同时存在竞争关系，二是物种间资源利用相似的同时彼此促进关系（刘金福等，1999）。

7.4　结论与讨论

重要值是表征群落特性的综合数量指标，可以反映物种的地位和作用（张卫东等，2016）。在宝兴、巴东、新宁和长阳四个连香树群落中，连香树的重要值均在130 以上，最少是新宁群落的133.31，而最大的宝兴群落则达到了150.77。其伴生树种重要值最大的是新宁群落的苦木，为 41.11，而最少的伴生树种是新宁群落的瘿椒树，仅为 10.17。胡桃、珙桐、猫儿刺、水青树、多脉鹅耳枥、枫杨、五裂槭、苦木、石楠等伴生树种在不同区域连香树群落中的重要值都超过 20，均是群落中重要值较高的一些树种。而重要值是出现频度、郁闭度或盖度和密度等因素共同决定的（王阳等，2017），因此，胡桃、珙桐、猫儿刺、水青树、多脉鹅耳枥、枫杨、五裂槭、苦木、石楠等是各地连香树植物群落中出现频度高、数量多、分布广泛的植物。所研究的四个连香树群落中，一般都有其他濒危植物相伴而生，最少的群落除连香树以外，至少另外还有一种濒危植物，最多可达 4 种，表明连香树群落一般都有起源古老的特性。

地球上不同区域物种多样性存在着差异（邹东廷等，2019），这种差异是物种多样性现代环境和进化历史共同作用的结果（Brown，2014）。物种多样性分布格局与气候具有显著相关性，水分－能量动态对较大类群物种多样性格局具有主导性作用，其中水分条件与物种多样性显著相关（王芳等，2019）。群落中，物种组成及其个体数量是物种之间相互作用结果（毛志宏等，2006），也可能是受外界干扰影响的结果（Buckley et al.，2003；边巴多吉等，2004；Sagar et al.，2003）。连香树分布于亚热带至温带的较大范围内，各地天然居群的气温、降水、经纬度、海拔高度等自然条件差异明显，其植物群落的地理成分均较复杂。不同居群所在群落的物种组成差异显著，群落外貌和结构特征不同，各物种的优势度、重要值均有差异。所研究的 4 个连香树群落中，新宁连香树群落乔木层物种丰富度最大，除了 1 种濒危植物外，其余更多是亚热带植物，是对现有环境更具有适应性的植物。而物种丰富度最小的宝兴连香树群落，所包含的濒危物种数量达到了 4 种，其区域环境更具有古老性和孑遗特点，这可能是其物种多样性小的一个重要原因。

不同居群所在群落的物种组成差异显著，群落外貌和结构特征不同，各物种的优势度、重要值均有差异。各群落中重要值大的物种一般具有较宽的生态位，生态位重叠与生态位宽度有关，具较宽生态位的物种一般与其他物种具有较高的生态位重叠。范围内各天然居群的气温、降水、经纬度、海拔高度等自然条件差异明显，其植物群落的地理成分均较复杂。

生态位特征能说明群落中主要植物种群对环境资源的利用状况及相互关系，揭示优势种群在群落中的功能地位（柴宗政等，2012）。生态位宽度较大的物种虽然对资源的利用能力较强、分布较广，但与其他种群间的生态位重叠程度不一定大，生态位较小的物种，与其他种群间的生态位重叠程度不一定小（黄晓敏等，2019）。各群落中重要值大的物种一般具有较宽的生态位，生态位重叠与生态位宽度有关，具较宽生态位的物种一般与其他物种具有较高的生态位重叠。具有相似生境要求和相似生物学特征的物种间也具有较大的生态位重叠，各物种间生态位重叠程度较高，物种间关系复杂，对资源共享趋势明显（王立龙等，2006）。所研究的 4 个连香树群落中，生态位宽度最大的是宝兴连香树群落的多脉鹅耳枥，其生态位宽度指数为最大的 0.99，其次是长阳连香树群落的珙桐和水青树，其生态位宽度指数均为 0.89。所有群落中生态位宽度指数最小的是 0.33，分别是宝兴的胡桃、水青树、天全槭、领春木；巴东的水青树、冬青、巴东栎、麻栎、白辛树；长阳的麻栎、冬青、枫杨、青冈；新宁的冬青、朴树、瘿椒树、天师栗。连香树的生态位宽度指数在所研究的 4 个群落中不同，其中在宝兴群落最大为 0.85，而在巴东群落最小，仅为 0.44，表明在不同地理区域中，连香树对环境资源的利用和在群落中的地位等均不一样。造成这种局势的原因及其能量动态和空间分布等问题还有待于对更多的群落进行更深入的研究。

第八章　连香树遗传多样性研究

生物多样性包括生态系统多样性、物种多样性、种内及种内居群所包含遗传多样性等多重含义（黄宏文等，2005）。物种多样性在不同尺度上对于全局稳定性起着更明显的影响（张云飞等，1997）。物种遗传多样性的保持受其生物学特性、生态条件、进化过程及历史事件等诸多因素的共同影响。遗传多样性一般是指种内的遗传多样性，即种内个体之间或一个群体内不同个体的遗传变异总和（沈浩等，2001）。对于大多数濒危物种来说，极端的遗传瓶颈是很少的，更多濒危物种是具有一定大小的群体，而且遗传多样性的丧失也不是一代的遗传瓶颈造成，而是多个世代连续作用的结果（黄宏文等，2005）。遗传多样性检测目前普遍采用的方法包括形态学水平、染色体水平和分子水平，它们各有特点和局限。用形态学或表型性状检测遗传变异是最古老、最直接和最简便的方法。任何生物类群的天然居群中都存在或大或小的染色体变异，这些变异在进化过程中起着十分重要的作用。染色体的任何变异都会引起相应的遗传效应，从而导致更加丰富的遗传多样性。在分子水平中，等位酶分析技术已经为动植物的居群遗传学和进化研究，为栽培植物种质资源的研究、开发和利用作出了重要的贡献（葛颂等，1997；李俊清，1996）。从1980年人类遗传学家Botstein等首次提出DNA限制性片段长度多态性作为遗传标记的思想，及1985年PCR技术诞生至今，已经发展了10多种基于DNA多态性的分子标记技术。按对DNA多态性检测手段，这些DNA标记技术可以分为四类，第一类为基于Sourthern杂交的DNA标记，如RFLP，VNTR；第二类为基于PCR的DNA标记如RAPD，ISSR，SSR，STS；第三类为基于PCR与限制性酶切技术结合的DNA标记，如AFLP；第四类为基于单核苷酸多态性的DNA标记，如SNP（方宣钧等，2001）（表8-1）。

理想的DNA标记应具备以下特点：① 遗传多态性高；② 共显性遗传，信息完全；③ 在基因组中大量存在且分布均匀；④ 选择中性；⑤ 稳定性、重现性好；⑥ 信息量大，分析效率高；⑦ 检测手段快捷，易于实现自动化；⑧ 开发成本低。迄今为止，还没有任何一种分子标记能完全具备上述理想特征。在研究工作中如何选择合适的分子标记，要根据所要解决的问题以及所要研究类群的遗传背景决定（邹喻苹等，2001）。

表 8-1　几种分子标记的比较

项目	RFLP	RAPD &ISSR	AFLP	SSR	SNP
位点数	1 ~ 4	1 ~ 10	多	多	多
检测基因部位	单 / 低拷贝	整个基因组	整个基因组	重复序列区	整个基因组
技术	难	易	中等	易	难
DNA 质量	高	低	高	低	高
DNA 用量	5 ~ 10 μg	<50 ng	100 ng	30 ~ 100 ng	微量 <50 ng
遗传特性	共显性	显性	显性 / 共显性	共显性	共显性
多态性水平	低	中等	高	高	高
费用	低	低	高	高	高
核心技术	电泳技术分子杂交技术	电泳技术 PCR 技术	变性聚丙烯酰胺电泳 PCR 技术	变性聚丙烯酰胺电泳 PCR 技术	梯度电泳 DNA 芯片技术

RAPD 能够灵敏地揭示两个亲缘关系十分相近个体之间的遗传变异，因此它适合于检测种下水平多样性。陈进明等（2004）利用 RAPD 方法对珍稀濒危植物中华水韭（*Isoetes sinensis*）4 个自然居群 48 个样品进行了 DNA 多态性分析。AMOVA 分析结果表明，4 个居群间基因分化系数 Gst 为 0.589 4，即遗传变异中有相当一部分来源于群体间（58.94%）。李晓东等（2003）用 RAPD 对水杉（*Metasequoia glyptostroboides*）8 个居群的遗传多样性进行了研究，居群平均多态位点百分率为 38.6%。

遗传多样性研究有助于进一步探讨生物进化的历史和适应潜力，推动保护生物学的研究，有助于人们更清楚地了解生物多样性的来源和进化，尤其能加深人们对微观进化的认识，为动植物分类、进化研究提供有益资料，为系统发育、分类系统的建立提供佐证，为植物育种和遗传改良奠定基础（沈浩等，2001）。

RAPD 技术可用于分析个体和居群的食物构成、检测疾病、濒危居群的新奠基者来源、奠基者关系、父本分析、生殖系统、回归引种居群、回归引种地点、分类地位、检测渐渗、恢复濒危物种的居群来源、居群结构、个体识别和跟踪、迁移和基因流、估测选择作用、确定瓶颈时间、居群大小等（黄宏文等，2005）。其技术优点有以下几点：

（1）无须专门设计的引物，随机设计长度为 9 ~ 10 个碱基的脱氧核糖核苷酸序列。为保证退火反应时双链的稳定性，G+C 含量在 40% 以上。通过一种引物在 DNA 互补链上的随机配对实现扩增；

（2）PCR 引物没有种属限制，具有广泛和通用的特点；

（3）在最初的反应周期中，退火温度较低，一般为 36℃；

（4）设计引物无须预先知道序列信息；

（5）为显性遗传；

（6）操作技术简便、省工、省力，工作效率高；

（7）DNA 模板用量少，引物价格便宜，成本较低；

（8）不受环境、发育、数量性状遗传等的影响，能客观地反映样品间 DNA 的差异；

（9）RAPD 产物经克隆和序列分析后，可用于序列特征化扩增区域等进一步的分子生物学研究（周延清，2005）。

基因流是一种主要的进化压力，通过等位基因在居群间的流动使基因型在不同居群间变化（Wright，1951；Slatkin，1987），并调控相邻有效居群大小（Wright，1943）。通过花粉和种子散布产生的基因流是遗传结构构建的最关键的决定因素之一（Hamrick et al.，1996）。用微卫星技术对分布于日本群岛的连香树河岸林不同居群间花粉流和种子散布研究表明，28.8% 的花粉来自于所研究 20 hm² 区域范围外，范围内的平均花粉流动距离为 129 m，最大距离达 666 m。30% 苗木基因型与其最近母树基因型不同，种子最大传播距离超过 300 m。长距离的基因流动导致日本群岛连香树维持较高遗传多样性（Sato et al.，2006）。

生物多样性保护的关键之一是保护物种，更具体地说就是保护物种的遗传多样性或进化潜力（李典谟等，2005）。生物进化就是群体基因库的改变，物种的进化潜力很大程度上取决于其遗传变异性的高低（Ayala et al.，1984）。一般所指的遗传多样性是指种内的遗传多样性，即种内个体之间或一个群体内不同个体的遗传变异总和（钱迎倩等，1994）。自从 Frankel（1970）提出遗传多样性对于濒危物种的长期存活是必要因素之后，遗传多样性已成为对物种进行保护时首要考虑的问题。对物种遗传多样性和遗传结构的研究也是开展优良品种选育和遗传改良极其重要的一步（Brown，1978；Falk et al.，1991；葛颂，1997；李昂等，2002）。群体遗传结构是指遗传变异在物种或群体中的一种非随机分布，即种内的基因频率、基因型频率在群体内、群体间的分布样式以及在时间和空间上的变化（Hamrick et al.，1989；Epperson，1990）。物种走向濒危乃至灭绝的随机性因素包括种群统计学波动、环境波动、灾害事件以及遗传学上的随机性（如遗传漂变、近交衰退、异交衰退等）（李典谟等，2005）。遗传变异的非随机分布是由不同过程共同作用的结果，包括物种长期的进化历史（分布区改变、生境破碎、群体隔离）、基因突变、遗传漂变、繁育系统以及基因流与选择等（Slatkin，1987；葛颂，1997；Schaal et al.，1998）。

植物基因组 DNA 包括核 DNA（nDNA）、线粒体 DNA（mtDNA）和叶绿体 DNA（cpDNA）。与形态、生化标记相比，DNA 分子标记直接以基因组 DNA 为研究对象，反映生物个体或群体基因组中的差异特征，具有灵敏度和精确度高，能够提供更大量的遗传变异信息，分析所用材料也不受组织、发育阶段及环境因素限制等特征。作为现代遗传学研究的最新工具，其应用范围已经涉及生物遗传变异研究的各个方面，成为群体遗传多样性和遗传结构研究中简单而有用的工具（Smith et al.，1992）。随着分子生物学技术的发展，分子克隆及 DNA 重组技术的逐步完善，尤其是 PCR（Polymerase Chain Reaction，即聚合酶链式反应）技术的出现，极大地丰富了 DNA 标记，诞生了许多以 PCR 为基础的分子标记技术。目前，常用的分子标记技术有等位酶、RFLP、AFLP、RAPD、SSR 等。其中，RAPD 标记（Random Amplified Polymorphic DNA，即随机扩增多态性 DNA）是由 Williams 和 Welsh 两个研究小组于 1990 年同时创立、以 DNA 多态性为基础的一种分子标记（Williams et al.，1990；Welsh et al.，1990）技术。其基本原理是采用任意顺序的 10 碱基寡聚核苷酸作为随机引物，对基因组 DNA 进行扩增，从而获得随机扩增的多态性 DNA 片段。每个随机扩增的 RAPD 片段在 F2 代发生分离，符合孟德尔遗传规律，可视其为分子图谱上的一个位点。生物进化过程中选择性的不同，生物基因组 DNA 的不同区域表现出高度保守或变异的特点，具有不同的遗传多样性。RAPD 技术是通过分析 DNA 经过 PCR 扩增的多态性来诊断生物体内在基因排布与外在表现的规律（周延清，2005）。该分子标记的特点在于使用随机引物，无须预先了解 DNA 序列信息，因而可以在被检对象无任何分子生物学背景资料的情况下，对其基因组进行分析研究。同时，其多态性程度高，没有组织器官和发育特异性。该技术的特点是简便易行、检测快速灵敏，无须同位素，对模板 DNA 的需要量极少（仅为 RFLP 的 0.1% ~ 0.5%），且对模板 DNA 的质量要求不是很高；取材方便，能够实现基因组无偏取样；引物的通用性强，合成一套引物可用于不同生物基因组的分析；费用较低，适于进行大样本量的分子检测。因此，自该标记技术问世以来，就在系统分类、品系鉴定、遗传多样性检测、遗传图谱构建以及基因定位等诸多领域得到成功应用。

很多学者已从形态、细胞、生理和分子等不同水平对物种的遗传多样性进行了研究。近年来，RAPD 分子标记已被广泛用于植物群体遗传多样性和遗传结构研究中，国内外已对黑云杉（*Pinus mariana*）（Mosseler et al.，1992）、欧洲赤松（*Pinus sylvestris*）（Szmidt et al.，1996）、欧洲山杨（*Populus tremula*）（Yeh et al.，1995）、茶树（*Camellia sinensis*）（Wachira et al.，1995）、椴树（*Morone saxatlis*）（Bielawski et al.，1997）、大青杨（*Populus ussuriensis*）（苏晓华等，1997）、辽东栎（*Quercus liaotungensis*）（恽锐等，1998）、青杨（*Populus cathayana*）（李宽钰等，1997）、柠条（*Caragana* spp.）（魏伟等，1999）、蒙古栎（夏铭等，2001）、疣粒野生稻（*Oryza granulata*）（钱韦等，2001）、羊草（*Leymus chinensis*）（崔继哲等，2002）等植物进行了标记分析。

DNA 分子标记技术以其独特的优点在珍稀濒危保护植物遗传多样性的研究中得到了广泛应用（Maile et al.，2003；Robert et al，2000；Vandewoestijne et al.，2002）。国内外利用 RAPD 技术已对濒危植物如舟山新木姜子（*Neolitsea sericea*）（Wang et al.，2005），（*Rosa rousseauiorum*） 和（*Rosa williamsii*）（Anne et al.，2005），（*Dorycnium spectabile*）和（*Isoplexis chalcantha*）（Bouza et al.，2002），矮牡丹（*Paeonia suffruticosa*）（邹喻苹等，1999），山红树（*Pellacalyx yunnanensis*）（苏志龙等，2005），七子花（*Heptacodiun miconioides*）（郝朝运等，2005），三棱栎（*Trigonobalanus doichangensis*）（韩春艳等，2004），望天树（*Parashorea chinensis*）（李巧明等，2003），资源冷杉（*Abies ziyuanensis*）（苏何玲等，2004），刺五加（*Acanthopanax senticosus*）（戴思兰等，1998），五针白皮松（*Pinus squamata*）（张志勇等，2003），金钱槭和云南金钱槭（*Dipteronia dyeriana*）（李珊等，2005），宽叶泽苔草（*Caldesia grandis*）（陈进明等，2005），木根麦冬（*Ophiopogon xylorrhizus*）（张大明等，1996），猪血木（*Euryodendron excelsum*）、圆籽荷（*Apterosperma oblata*）和杜鹃红山茶（*Camellia changii*）（罗晓莹等，2005）等进行了遗传多样性和遗传结构研究。

本研究是在连香树天然分布区内，选择地理间隔较大、分布范围不同、有代表性的 11 个采样地点，即湖南新宁、湖北长阳、湖北巴东、四川宝兴赶羊沟、四川宝兴鹿井沟、四川峨眉、陕西户县、河南济源、安徽金寨、安徽歙县、浙江天目山，每个地点随机采集 30 个天然单株，构成 11 个天然居群。采用 RAPD 分子标记技术分析连香树的遗传分化水平，希望通过研究对下列问题进行探讨：① 连香树 DNA 提取方法；② RAPD 反应体系的优化；③ BSA 对 RAPD 反应体系特别是 Taq 酶的影响；④ 多态位点的百分比及其分布；⑤ 几个主要居群的居群内遗传多样性和遗传结构；⑥ 居群间遗传多样性和遗传结构；⑦ 居群间的遗传距离和基因流；⑧ 居群间的系统聚类；⑨ 居群间的地理变异。

8.1 连香树 DNA 提取方法的研究

DNA 的分离提取是进行植物分子生物学研究工作的基础，DNA 样品质量是分子生物学实验成败的关键因素之一。不同的植物材料细胞中所含次生代谢产物的种类、含量不同，适合的提取方法也不同。小麦、玉米、水稻、大豆、棉花等细胞总 DNA 提取已有许多成熟技术方案（楼巧君等，2005；Doyle et al.，1990；Scott et al.，1988；孙鑫等，2004；徐虹等，2004；Doyle et al.，1987；Rogers et al.，1985）。而对于一些珍稀濒危植物总 DNA 的提取仍需不断摸索条件（邹喻苹等，1994）。珍稀濒危植物连香树组织中含有较多的单宁、酚类、多糖及色素等成分，如果提取方法不当，会使提出的基因组 DNA 进入这种黏稠胶状物中而难以溶解，使用如此质量的 DNA 会影响 PCR 扩增反应的稳定性和重现性。选取了 6 种常规提取植物基因组 DNA 的方法，稍加改动，分别用于提取连香树基因组 DNA，通过检测结果的比较，筛选出一种更适合连香树 DNA 提取方法，为进一步的遗传多样性研究提供基础。

8.1.1 材料与方法

8.1.1.1 药品试剂

液氮，SDS（十二烷基硫酸钠），CTAB（十六烷基 – 三甲基 – 溴化铵），抗坏血酸钠，PVP40（聚乙烯吡咯烷酮），Tris 碱（三羟甲基氨基甲烷），EDTA（乙二胺四乙酸二钠盐），β –Mercaptoethanol（β – 巯基乙醇），NaCl（氯化钠），浓 HCl（盐酸），KAc（醋酸钾），NH_4Ac（醋酸铵），70% 乙醇，NaAc（醋酸钠），无水乙醇，枸橼酸钠，异丙醇，石英砂，氯仿，异戊醇，饱和酚，RNase（RNA 消化酶），双蒸水，尿素，硼酸。随机引物 [引物代码为 D08（随机选取的），碱基序列为 GTGTGCCCCA]，*Taq* polymerase（*Taq* 聚合酶），dNTPs（脱氧核糖核苷三磷酸）等购自上海赛百盛生物有限公司。

8.1.1.2 仪器设备

上海安亭科学仪器厂的 TGL-16G 高速冰冻离心机；常州国华电器有限公司的恒温振荡器；北京六一仪器厂的 DYY– Ⅲ –8B 稳压稳流型电泳仪和 DYY– Ⅲ –34A 电泳漕；美国 PE 公司的 PE9600 扩增仪，EPPENDORF 基因有限公司的 Mastercycle

梯度 PCR 仪；南京天龙仪器公司的 Tannon UV-2000 紫外分析仪；美国贝克曼库尔特（BECKMAN COULTER）有限公司的 DU（R）800 分光光度计。

8.1.1.3　DNA 提取方法

1. 改进的 SDS-CTAB 结合法

参照孙鑫（2004）等的 SDS-CTAB 结合法并进行了改进。以变色硅胶干燥的幼嫩叶片为实验材料。称取 0.05 g 叶片，液氮研磨，在研磨的过程中加入 2% ～ 5% 的 PVP40、少量的抗坏血酸钠和少量的石英砂。预热提取缓冲液 700 μL（100 mmol/L Tris-HCl，pH 8.0；50 mmol/L EDTA，pH 8.0；1.0 mol/L NaCl；2% SDS；2% PVP40），现用现加 100 μL β-Mercaptoethanol。研磨成均匀粉状后加入到提取缓冲液中，振荡混匀，于 65℃ 水浴中 1 h 左右。加入 1/3 体积的 5 mol/L KAc（pH 4.8），-20 ℃ 冰浴 0.5 ～ 1 h。4 ℃，12 000 r/min 离心 10 min。取上清，加入 1/5 体积的 2×CTAB（100 mmol/L Tris-HCl，pH 8.0；20 mmol/L EDTA；1.4 mol/L NaCl；2%CTAB），充分混匀，65℃ 水浴 10 ～ 20 min。冷却至室温后，加入等体积的氯仿/异戊醇（24：1）抽提 3 次，4 ℃，12 000 r/min 离心 10 min。取上清，加入 1/2 体积的高盐溶液（0.8 mol/L 柠檬酸钠、1.2 mol/L NaCl）和 1/2 体积预冷的异丙醇，充分混匀，-20 ℃ 放置 0.5 ～ 1 h，4 ℃离心，12 000 r/min，10 min。去上清，用 70% 乙醇洗涤沉淀两次。风干沉淀，加 500 μL 灭菌水溶解。然后加 1/10 体积 3 mol/L NaAc（pH 5.2）和 2 倍体积无水乙醇，混匀。-20 ℃ 放置 10 min。4 ℃，12 000 r/min 离心 10 min。用 70% 乙醇洗涤沉淀两次，100% 乙醇洗涤沉淀 1 次，自然风干，加适量 0.1×TE（1.0 mmol/L Tris-HCl，pH 8.0；0.1 mmol/L EDTA，pH 8.0）溶解，4 ℃保存备用。

与孙鑫等不同的是：①研磨时没加 DICA（二乙二硫氨甲酸），而是加 2% ～ 5% PVP 和少量的抗坏血酸钠；② β - Mercaptoethanol 的量增加了一倍；③加 2×CTAB，而不是 10 % 的 CTAB Buffer（100 mmol/L Tris-HCl，pH 8.0；50 mmol/L EDTA，pH 8.0；1.0 mol/L NaCl；10% CTAB）；④在沉淀 DNA 时加入了高盐溶液和 NaAc 溶液；⑤加异丙醇后于 -20 ℃冰浴 0.5 ～ 1 h，之后是低温离心，而不是室温放置和室温离心。

2. CTAB 法

参照邹瑜苹等（2001）的方法进行。

取 0.05 g 用硅胶干燥的嫩叶，用液氮研磨成粉状，在研磨时加入少许抗坏血酸钠和 PVP 干粉。将粉状物倒入 700 μL 预热的 2×CTAB 缓冲液（100 mmol/L Tris-HCl pH 8.0，20 mmol/L EDTA，1.4 mol/L NaCl，2% CTAB，0.1% ～ 2% β-Mercaptoethanol），放

入 65 ℃水浴 30 ～ 60 min。开启摇动阀维持慢慢摇动。加入等体积的氯仿：异戊醇（24：1）抽提 2 次，然后在水相中加入 2/3 体积冰冷的异丙醇，置于 –20 ℃ 30 min。1 200 r/min，4 ℃离心 10 min，弃上清，所得沉淀用 70% 的乙醇洗涤 2 次，无水乙醇洗涤 1 次。沉淀自然吹干后用 100 μL0.1×TE（1.0 mol/L Tris–Cl pH 8.0,0.1 mmol/L EDTA pH 8.0）溶解，加入 2 ～ 3 μL RNase，在 37 ℃温育 1 h，再用等体积的氯仿：异戊醇（24：1）抽提 1 次。在水相中加入 1/5 体积 10 mol/L 的 NH₄Ac，然后加入 2 倍体积的冰冷的 95% 乙醇，在 –20 ℃沉淀 30 min。10 000 r/min，4 ℃离心 10 min，沉淀用 70% 的乙醇和无水乙醇洗涤后加入适量 0.1×TE 溶液，4 ℃保存。

3. 高盐低 pH 法

参照邹瑜苹等（1994）的方法进行。

0.05 g 用变色硅胶处理的嫩叶，加 2% PVP40、少量的抗坏血酸钠和少量的石英砂，在液氮中迅速研磨后，加入 700 μL、65 ℃预热、pH 5.5 的提取介质中（100 mmol/L pH 4.8 的 NH₄Ac，50 mmol/L pH 8.0 的 EDTA，500 mmol/LNaCl，2%PVP40，1.4%SDS），现用现加 2% β–Mercaptoethanol。在 65 ℃水浴 30 min（缓慢摇动）后，4 ℃ 12 000 r/min 离心 10 min。上清液中加入 2/3 体积 2.5 mol/L，pH 4.8 的醋酸钾溶液，置 –20 ℃放置 30 min；后再 4 ℃ 12 000 r/min 离心 10 min。上清液中加入 0.6 体积预冷的异丙醇，混匀后于 –20 ℃放置 30 min 使核酸充分沉淀。在 4 ℃ 12 000 r/min 离心 10 min，收集沉淀。沉淀溶于 500 μL 灭菌双蒸水中，4 ℃ 12 000 r/min 离心 10 min，去掉少许不溶物。在上清液中再次加入 0.6 体积预冷的异丙醇。–20 ℃放置 30 min 后 4 ℃ 12 000 r/min 离心 10 min。所得 DNA 沉淀用 70% 乙醇洗过后空气中自然干燥。然后溶于适量 0.1×TE 缓冲液中，4 ℃保存。

4. SDS 法

参照傅荣昭等（1994）的方法进行。

取 0.05 g 硅胶处理的嫩叶，加 2% PVP40、少量的抗坏血酸钠和少量的石英砂，现用现加 2% β–Mercaptoethanol，用液氮研磨成粉末，转入 65 ℃预热含 700 μL 提取液（500 mmol/L Tris–HCl，pH8.0；50 mmol/L EDTA，pH 8.0；500 mmol/L NaCl；现用现加 2% β–Mercaptoethanol）的 2 mL 离心管中，混合均匀，加 140 μL 10% 的 SDS，激烈摇动混匀，65 ℃水浴轻微振荡 20 ～ 30 min，期间缓慢颠倒离心管数次。加入 1/10 体积 3 mol/L pH 5.2 的 KAc，颠倒离心管充分混匀，–20 ℃放置 30 min。12 000 r/min，4 ℃离心 15 min。取上相转入另一新离心管中，加入 0.6 倍体积预冷的异丙醇，混匀后于 –20 ℃沉淀 30 min。10 000 r/min，4 ℃离心 10 min，弃上相，沉淀物空气干燥。沉淀物溶解于适量的无菌水中，加入 1/10 体积的 3 mol/L NaAc，

混匀后加入 0.6 倍体积预冷的异丙醇，充分混匀置 - 20 ℃放 10 min。12 000 r/min 4 ℃离心 10 min，小心弃上相。用 70% 乙醇洗沉淀物两次，100% 乙醇洗一次。沉淀物空气干燥，溶于适量 0.1×TE 中，4 ℃保存。

5. PVP 法

参照杜道林等（2003）的方法并稍加改进。取 0.05 g 植物材料，液氮研磨至粉末，转入 2 mL 离心管中，加 3 倍体积提取缓冲液（250 mmol/L NaCl；25 mmol/L EDTA；0.5% SDS；20 mmol/L Tris-Hcl, pH 8.0），轻轻混匀后，置室温 1 h，再加 PVP40 至终浓度为 6%，混匀后加 0.5 倍体积 7.5 mol/L NH$_4$Ac，置冰上 30 min，离心（12 000 r/min，10 min，4 ℃），取上清液，异丙醇沉淀 DNA，干燥后溶于 200 μL 含 RNase（20 μg/mL）0.1×TE（pH 8.0）中，37 ℃水浴 30 min，氯仿：异戊醇（24：1）抽提 2 次，异丙醇沉淀 DNA，70% 酒精洗 1 次，100% 酒精洗 1 次，自然干燥后溶于适量 0.1×TE（pH 8.0）中，4 ℃保存备用。

6. 尿素法

参照 Tan et al.（1998）的方法加以改进。取 0.05 g 硅胶迅速处理的叶片，加入 700 μL 提取缓冲液（8 mol/L 尿素；0.5 mol/L NaCl；50 mmol/L Tris-HCl, pH 8.0；20 mmol/L EDTA；2 % β-Mercaptoethanol；5 % PVP40），65 ℃水浴 30 min 后，加入 1/5 体积的 7.5 mol/L NH$_4$Ac，颠倒混匀，冰浴 30 min，10 000 r/min 离心 5 min，上清液吸入另一离心管，加入酚：氯仿：异戊醇（25：24：1），氯仿：异戊醇（24：1）各抽提 1 次，然后用等体积的异丙醇室温沉淀 1 h，15 000 r/min 离心 15 min，所得沉淀用 70% 的乙醇和无水乙醇洗涤后用 500 μL 高盐 TE（1.0 mol/L NaCl；10 mmol/L Tris-HCl, pH 8.0；1 mmol/L EDTA，PH 8.0）溶解，加入 RNase，37 ℃水浴 30 min，再用等体积的氯仿：异戊醇（24：1）抽提 1 次，用 2 倍体积预冷无水乙醇于 -29 ℃沉淀 30 min，用 70% 的乙醇和无水乙醇洗涤沉淀两次后，用适量 0.1×TE 溶解，4 ℃保存。

8.1.1.4　DNA 样品的紫外消光值检测

各种提取方法的 DNA 样品各 5 μL 加双蒸水混匀后，分别用石英比色杯于 DU（R）800 分光光度计中测定紫外消光值，根据其在 260 nm 和 280 nm 波长处的光吸收值计算 DNA 产率，根据 A_{260nm}/A_{280nm} 判断 DNA 样品的纯度。DNA 样品的浓度（μg/μL）为：在 260 nm 的紫外消光值 × 核酸稀释倍数 ×50/1000。纯 DNA 样品 A_{260nm}/A_{280nm} 紫外消光值应为 1.8，A_{260nm}/A_{230nm} 值应大于 2.0。A_{260nm}/A_{280nm} 值大于 1.9 时，表明有 RNA 污染，小于 1.6 时，表明样品中存在蛋白质或酚污染。A_{260nm}/A_{230nm} 值小于 2.0 时表明溶液中有残存盐和小分子杂质，如核苷酸、氨基酸等。

8.1.1.5 琼脂糖凝胶电泳检测

在 1% 琼脂糖（含 0.5 μg/ml 溴化乙啶）凝胶中，1×TBE 缓冲液 [由 10×TBE（108 gTris；55 g 硼酸；40 mL 0.5 mol/L EDTA，pH 8.0；加双蒸水至 1L）稀释而成]，3 ~ 4 V/cm 电压下电泳，比较各种方法的 DNA 得率。

8.1.1.6 PCR 扩增检测

各种 DNA 提取方法所得 DNA 样品 1.4 μL，引物（引物代码为 D08，碱基序列为 GTGTGCCCCA）1.4 μL，镁离子 1.5 μL，dNTPs0.6 μL，10×Buffer 缓冲液 3 μL，1UTaq 聚合酶 1 μL，加水至 20 μL。扩增程序为：94 ℃预变性 3 min，94 ℃变性 30 s，38 ℃退火 30 s，72 ℃延伸 1.5 min，40 个循环，72 ℃最后延伸 7 min，4 ℃保存。PCR 扩增产物在含 EB 染色液（0.5 μg/mL）的 1.5% 琼脂糖凝胶中电泳，电泳缓冲液为 1×TBE，3.5 ~ 4 V/cm，电泳 2.5 h 左右。在 TannonUV-2000 紫外分析仪上观察并拍照。

8.1.2 结果分析

8.1.2.1 紫外消光值检测

各种提取方法的 DNA 经紫外分光光度计测定的紫外消光值结果见表 8-2。

表 8-2　6 种 DNA 提取方法的紫外消光值和产率

项目	CTAB 法	SDS-CTAB 法	SDS 法	高盐低 pH 法	PVP 法	尿素法
$A_{260\,nm}/A_{280\,nm}$	1.487 2	1.853 2	1.355 2	1.453 4	1.507 9	1.185 8
$A_{260\,nm}/A_{230\,nm}$	1.621 4	2.045 3	1.594 3	1.230 8	1.850 2	1.247 3
DNA 质量浓度 μg/μL	145.360 0	188.160 0	137.210 0	115.670 0	150.530 0	102.650 0

各种方法所提取的 DNA 溶解于等量（100 μL）0.1×TE 后，由于所含杂质的种类和数量的差异，它们所表现出的颜色深浅不一。SDS-CTAB 法所得 DNA 不仅 A_{260nm}/A_{280nm} 在 1.8 左右，A_{260nm}/A_{230nm} 在 2.0 左右，其颜色也明显浅于其他方法所得 DNA。在其他几种方法中，酚类、多糖等次生物质与核酸形成复合物，使 DNA 难以溶解或产生不同程度的褐变，影响了所提 DNA 含量和纯度。

8.1.2.2　琼脂糖凝胶电泳检测

从 6 种方法提取 DNA 的琼脂糖电泳凝胶成像照片（图 8-1）可见，改进的 SDS-CTAB 法提取的 DNA 质量较好，条带较强，残留杂质少。CTAB 法和 PVP 法的条带虽强，但点样孔有较多残留的糖类等杂质（李丹等，2000）。

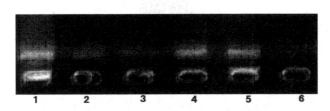

图 8-1　各种提取方法 DNA 电泳

1-CTAB 法；2- 高盐低 pH；3-SDS 法；4-SDS-CTAB 法；5-PVP 法；6- 尿素法

8.1.2.3　PCR 扩增检测

从 PCR 扩增反应后的电泳图谱看（图 8-2），改进的 SDS-CTAB 法提取的 DNA 可用于 PCR 扩增，扩增产物有较清晰的电泳条带，且条带数较多，可用于进一步的分子生物学研究。CTAB 法和 PVP 法扩增结果类似，电泳条带较改进的 SDS-CTAB 法少，扩增结果与 DNA 纯度检测结果一致。

8.1.3　结论与讨论

植物基因组 DNA 质量是其 RAPD 扩增成功与否的关键（王关林等，1998）。因此，植物基因组 DNA 提取成为 RAPD 实验的一个重要环节。不同植物材料含有不同次生代谢产物种类、数量，从中提取 DNA 的关键是有效地除去这些杂质，需要有针对性地选择不同的提取方法。特别是珍稀濒危物种，其 DNA 提取方法需要做更多的摸索。在连香树基因组 DNA 的提取中，加 PVP40，可以与酚类物质结合形成螯合物，通过离心除去可提高 DNA 的得率和纯度。用 PVP40 和抗坏血酸，是利用其 "CO—N=" 随多酚化合物中芳环羟基数量的增加而加强的结合多酚化合物能力，其结合成复合物后，通过离心除去。加入 β–Mercaptoethanol 主要是利用其 "—SH" 打断多酚氧化物酶的二硫键而使之失活，防止酚类化合物被氧化而不被形成复合物，有利于离心除去酚类物质。适当地提高 β–Mercaptoethanol 含量能有效去除多糖等次生物质（许婉芳，2002）。在沉淀 DNA 时加入高盐溶液和 NaAc，可以有效去除糖类，防止其在 RAPD 反应中抑制 *Taq* 聚合酶活性。

图 8-2 各种提取方法的 PCR 扩增

1-SDS-CTAB 法；2-SDS 法；3- 高盐低 pH 法；4-CTAB 法；5-PVP 法；6- 尿素法

RAPD 技术是利用单一的 10 个碱基的寡聚核苷酸作为引物，对基因组 DNA 进行 PCR 扩增，扩增产物 DNA 片段的多态性反映了基因组相应区域 DNA 多态性。扩增产物是一个其侧翼为 10 bp 的引物结合位点区域以正确方向延伸而产生的（许亦农等，2005）。SDS-CTAB 法提取的基因组 DNA 不仅含有大片段，而且有较多小片段 DNA，在相同扩增条件下扩增出更多的条带数，同片段的扩增产物更多、条带更清晰，因而更有利于遗传多样性分析。

实验结果表明，不论是纯度检测，还是 PCR 扩增效果检测，均反映出改进的 SDS-CTAB 法更适合于连香树基因组 DNA 提取。

8.2 连香树 RAPD 反应体系的优化研究

RAPD 技术自 Williams（Williams et al., 1990）和 Welsh（Welsh et al., 1990）首先提出以来，在生物学的许多领域都得到了广泛应用，如遗传图谱构建，基因定位和克隆，外源导入基因的示踪，物种亲缘关系和进化关系的研究等。它具有聚合酶链式反应效率高、特异性强、检测容易及样品用量少等特点，对模板 DNA 的纯度要求低、用量少；不同物种可以在没有分子生物学研究基础情况下使用通用的随机引物；技术简单，实验费用较低（Liu et al., 2004）。在濒危植物遗传多样性研究中已有应用（苏何玲等，2004）。但 RAPD 在某些方面由于稳定性和可重复性较差，实验时，需要进行体系的优化。采用亲缘关系较近的金缕梅科植物枫香（*Liquidambar formosana*）已有 RAPD 反应体系（孟现东等，2004）对连香树进行 RAPD 扩增时，结果不理想，扩增条带数量少且不清晰。因此，本书就 RAPD 反应体系中 dNTPs 的浓度、Taq 聚合酶用量、模板 DNA 浓度、引物浓度、Mg^{2+} 浓度、10×Buffer 缓冲液用量及退火温度、退火时间、循环次数等因素对实验结果的影响进行实验，建立重复性强、稳定性好的珍稀濒危植物连香树 RAPD 反应体系，为连香树居群间和居群内遗传多样性水平分析提供基础，从而为进一步论证该濒危物种的遗传衰退现象提供论据。

8.2.1 材料与方法

8.2.1.1 药品试剂

液氮，SDS，CTAB，抗坏血酸钠，PVP40，Tris 碱，EDTA，β-Mercaptoethanol，NaCl，浓 HCl，KAc，70% 乙醇，NaAc，无水乙醇，枸橼酸钠，异丙醇，石英砂，氯仿，异戊醇，双蒸水，硼酸。随机引物（引物代码为 D08，碱基序列为 GTGTGCCCCA），Taq 聚合酶，dNTPs，10×Buffer 缓冲液，25 mmol/L 的氯化镁等购自北京赛百盛生物有限公司。

8.2.1.2 仪器设备

上海安亭科学仪器厂的 TGL-16G 高速冰冻离心机；常州国华电器有限公司的恒温振荡器；北京六一仪器厂的 DYY-Ⅲ-8B 稳压稳流型电泳仪和 DYY-Ⅲ-34A 电泳漕；美国 PE 公司的 PE9600 扩增仪，EPPENDORF 基因有限公司的 Mastercycle 梯度 PCR 仪；南京天龙仪器公司的 Tannon UV-2000 紫外分析仪。

8.2.1.3 DNA 提取方法

DNA 提取方法参照孙鑫等（2004）的 SDS-CTAB 法并加以改进，详见 8.1.1.3。

8.2.1.4 正交试验设计

选择基本扩增程序为 94℃预变性 4 min，之后 94℃变性 1 min，36℃退火 1 min，72℃延伸 1.5 min，40 个循环，72℃最后延伸 8 min，4℃保存（孟现东等，2004）。对 20 μL 反应体系中的 Mg^{2+} 浓度、dNTPs 浓度、10×Buffer 缓冲液、Taq 酶、模板浓度和引物浓度按六因素五水平做正交试验（栾雨时等，2005）。其中 25 mmol/L Mg^{2+} 的梯度设计为 1.5 μL、2 μL、2.5 μL、3 μL、3.5 μL；10 mmol/L dNTPs 的梯度设计为 0.2 μL、0.3 μL、0.4 μL、0.5 μL、0.6 μL；10×Buffer 设计梯度为 1 μL、1.5 μL、2 μL、2.5 μL、

3 μL；1U *Taq* 聚合酶的梯度为 0.2 μL、0.4 μL、0.6 μL、0.8 μL、1 μL；模板 DNA（约 25 ng）的梯度设计为 0.6 μL、0.8 μL、1 μL、1.2 μL、1.4 μL；0.5OD 的引物梯度设计 为 0.6 μL、0.8 μL、1 μL、1.2 μL、1.4 μL。具体的组合见试验设计表（表 8-3）。

表 8-3　连香树 RAPD 反应体系的正交试验设计

μL

试验号	Mg^{2+}	DNTPs	10 × uffer	*Taq* 聚合酶	模板	引物
1	1.5	0.2	1	0.2	0.6	0.6
2	1.5	0.3	1.5	0.4	0.8	0.8
3	1.5	0.4	2	0.6	1	1
4	1.5	0.5	2.5	0.8	1.2	1.2
5	1.5	0.6	3	1	1.4	1.4
6	2	0.2	1.5	0.6	1.2	1.4
7	2	0.3	2	0.8	1.4	0.6
8	2	0.4	2.5	1	0.6	0.8
9	2	0.5	3	0.2	0.8	1
10	2	0.6	1	0.4	1	1.2
11	2.5	0.2	2	1	0.8	1.2
12	2.5	0.3	2.5	0.2	1	1.4
13	2.5	0.4	3	0.4	1.2	0.6
14	2.5	0.5	1	0.6	1.4	0.8
15	2.5	0.6	1.5	0.8	0.6	1
16	3	0.2	2.5	0.2	1.4	1
17	3	0.3	3	0.6	0.6	1.2
18	3	0.4	1	0.8	0.8	1.4
19	3	0.5	1.5	1	1	0.6
20	3	0.6	2	0.2	1.2	0.8

续　表

试验号	Mg²⁺	DNTPs	10×uffer	Taq 聚合酶	模板	引物
21	3.5	0.2	3	0.8	1	0.8
22	3.5	0.3	1	1	1.2	1
23	3.5	0.4	1.5	0.2	1.4	1.2
24	3.5	0.5	3	0.4	0.6	1.4
25	3.5	0.6	2.5	0.6	0.8	0.6

8.2.1.5　退火温度梯度

利用 EPPENDORF 基因有限公司的 Mastercycle 梯度 PCR 仪，自动设计退火温度梯度时按退火 37 ℃，30sec，G = 4 设计，即：① 33.1 ℃；② 33.1 ℃；③ 33.5 ℃；④ 34.2 ℃；⑤ 35.1 ℃；⑥ 36.1 ℃；⑦ 37.2 ℃；⑧ 38.3 ℃；⑨ 39.4 ℃；⑩ 40.2 ℃；⑪ 40.9 ℃；⑫ 41.3 ℃。扩增程序的其他要素同基本扩增程序。

8.2.1.6　退火时间梯度

在基本扩增程序的基础上，确定退火温度以后，退火时间梯度设计为 15 s、30 s、45 s、60 s、75 s、90 s。

8.2.1.7　循环次数梯度

在基本扩增程序的基础上，确定退火温度，退火时间以后，循环次数梯度设计为 30，32，34，36，38，40，42，44，46。

8.2.2　结果与分析

8.2.2.1　正交试验

正交试验 1 ~ 12 组扩增结果如图 8-3 所示。

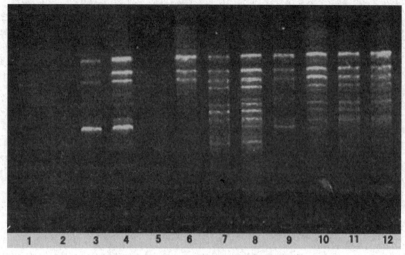

图 8-3　正交试验 1 ~ 12 组扩增结果

正交试验 13 ~ 25 组扩增结果如图 8-4 所示。

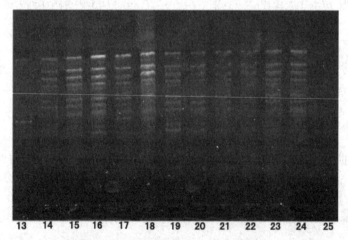

图 8-4　正交试验 13 ~ 25 组扩增结果

　　六因素五水平正交试验表明，以第 8 组试验的 PCR 扩增效果最好，电泳条带分带清晰，各条带的亮度也大，条带数量多。即在 20 μL 反应体系中，各因素的优化组合为：25 mmol/L Mg^{2+} 2 μL，10 mmol/L dNTPs 0.4 μL，1U 的 *Taq*DNA 酶 1 μL，10×Buffer 缓冲液 2.5 μL，0.5OD 引物 0.8 μL，约 25 ng 模板 0.6 μL。Mg^{2+} 对 PCR 扩增的特异性和产量有显著的影响，Mg^{2+} 浓度过高，反应特异性降低，出现非特异扩增，浓度过低则会降低 *Taq* DNA 聚合酶的活性，使反应产物减少。本实验中 25 mmol/L Mg^{2+} 2 μL 就足够了。引物是 PCR 特异性反应的关键，PCR 产物的特异性取决于引物与模板 DNA 互补的程度。引物浓度偏高会引起错配和非特异性产物扩增，且可增加引物之间形成二聚体的概率。本实验优化组合中 0.8 μL 0.5OD 的引物是合理的。非特异性产物扩增会竞争使用酶、dNTP 和引物，使 DNA 产率下降。酶浓度过高可引起非特异性扩增，浓度过低则合成产物量减少，连香树 PCR 优化体系中，1 μL 1U 的酶是其他植物 RAPD 体系中用得较多的量。模板核酸的量与纯化程度，是 PCR 成败与否的关键环节之一，改进的 SDS-CTAB 法所得 DNA 纯度较好，25 ng 浓度只需 0.6 μL 就足够了。dNTPs 是 PCR 的原料即反应底物，浓度过高可加快反应速度，但会增加碱基的错误掺入和实验成本；浓度低则产率太低，反应速度下降，但能提高实验的准确性。本实验中 0.4 μL 10mmol/L dNTPs 既经济又高效。RAPD 反应中，Buffer 缓冲液是一个重要的影响因素，其中的 Mg^{2+} 是 DNA 聚合酶活性所必需的辅助因子，反应体系中的许多成分如引物、模板、dNTP 和 PCR 产物等均与之结合，2.5 μL 的 Buffer 在本实验中是比较合理的。

8.2.2.2　退火温度梯度

退火温度是影响 PCR 特异性的较重要因素。RAPD-PCR 的退火温度一般都在 40 ℃以下，35 ~ 37℃合适（邹喻苹等，2001）。退火温度梯度扩增结果如图 8-5 所示，本实验结果表明，第七组即退火温度为 37 ℃时扩增条带清晰，亮度大，条带间分隔明显。第 6 组、10 组、11 组、12 组虽然亮带较多，亮度也大，但均不及第 7 组好。其余各组则亮带较少，亮度也低。因此，连香树的 RAPD-PCR 反应体系退火温度以 37 ℃为好。

8.2.2.3　退火时间梯度

变性后温度快速冷却，可使引物和模板发生结合。由于模板 DNA 比引物复杂得多，引物和模板之间的碰撞结合机会远远高于模板互补链之间的碰撞。图 8-6 的结果表明，本实验的退火时间以第一组即 15 s 为好。

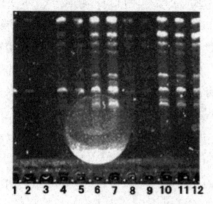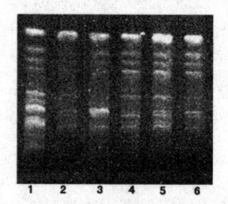

图 8-5　退火温度梯度扩增结果　　　　图 8-6　退火时间梯度扩增结果

8.2.2.4　循环次数梯度

PCR 循环次数主要取决于模板 DNA 的浓度。循环次数越多，非特异性产物的量亦随之增多。循环次数梯度扩增结果如图 8-7 所示，本实验结果表明，以第 6 组即 40 个循环的扩增效果为好。

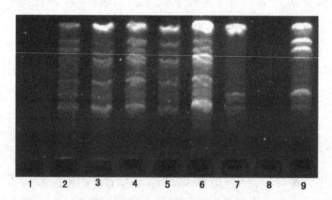

图 8-7　循环次数梯度扩增结果

8.2.3　结论与讨论

对反应体系因素设立不同梯度水平进行 RAPD 反应体系优化，已有报道（蒋昌顺等，2004）。考虑了 PCR 反应体系各组分交互作用的正交试验设计，具有工作量小，信息量大等优点（Wang et al.，2005），建立的 RAPD 反应体系稳定性高，已经受到一些学者的重视（Wang et al.，2005；金忠民等，2004）。濒危植物总 DNA 提取方法需要不断摸索（邹喻苹等，1994），其 RAPD 反应体系更应该进行优化。稳定的 RAPD 反应体系是用 RAPD 技术进行濒危植物遗传多样性分析，进而提出合理生物多样性保护措施的基础。

在本实验室现有条件下，通过正交试验设计得到濒危植物连香树优化的 RAPD 反应体系：在 20 μL 反应体系中，各因素的优化组合为：25 mmol/L Mg^{2+} 2 μL，10 mmol/L dNTPs 0.4 μL，1U 的 *Taq* DNA 聚合酶 1 μL，10 × Buffer 缓冲液 2.5 μL，0.5OD 引物 0.8 μL，约 25 ng 模板 0.6 μL。优化的 RAPD 扩增程序为：94 ℃预变性 3 min，一个循环，94 ℃变性 30 s，37 ℃退火 15 s，72 ℃延伸 90 s，40 个循环，72 ℃最后延伸 7 min，4 ℃保存。与亲缘关系相近的枫香 RAPD 扩增体系（孟现东等，2004）相比，除了 20 μL 反应体系各成分量的变化外，变性、预变性和退火时间都减少了，在循环次数相同情况下，完成一次扩增所需时间缩短了，这不仅改进了效果，还提高了实验效率。

8.3 牛血清白蛋白对 RAPD 反应体系的进一步优化研究

在动物、植物和微生物的 RAPD 反应中，添加不同种类和浓度的各种有效成分，如四甲基氯化铵（TMACl）（尹佟明等，2001）、牛血清白蛋白（bovine serum albumin，BSA）（任军等，2000；边才苗等，2002；金则新等，2003；李钧敏等，2004）等，可以获得更为理想的 PCR 扩增条带。

用于 RAPD 扩增的植物 DNA 样品中常含有一定的次生代谢产物，如植物多酚等，影响扩增效果。牛血清白蛋白（BSA）可以减少 PCR 扩增反应系统中内源抑制物的干扰作用，封闭 *Taq* 聚合酶抑制物的抑制作用（Al-Soud et al.，2001）。BSA 通过其富含赖氨酸的阳离子与多酚化合物的阴离子相互作用，或通过疏水相互作用力消除内源多酚类化合物与蛋白质的作用，阻止它们与 *Taq* 聚合酶结合。从而提高酶的活性，减少酶的用量，以最终改善 PCR 扩增结果的特异性与酶的稳定性（Kreader et al.，1996）。不同植物的 RAPD 扩增反应中，BSA 浓度的变化对扩增反应的效果不同（金则新等，2003；叶冰莹等，2000；李梅，1999；边才苗等，2002）。连香树 DNA 的 RAPD 反应体系中，首先通过正交试验，建立优化的反应体系，然后在其他因素不变的前提下，探讨了不同浓度的 BSA 对 Taq 酶用量的减少程度，为濒危物种的 RAPD 优化反应体系建立提供参考。

8.3.1 材料与方法

8.3.1.1 药品试剂

双蒸水：随机引物 [编号为 E02，（由于优化后在初步筛选引物时，发现 E02 比 D08 扩增效果好，所以就改用 E02）碱基序列为 GGTGCGGGAA]，*Taq* 聚合酶，dNTPs，25 mmol/L 的氯化镁等购自上海生工生物技术有限公司，10×Buffer 缓冲液，BSA 购自南京生兴生物技术有限公司。

8.3.1.2 仪器设备

北京六一仪器厂的 DYY- Ⅲ -8B 稳压稳流型电泳仪和 DYY- Ⅲ -34A 电泳漕；美国 PE 公司的 PE9600 扩增仪，EPPENDORF 基因有限公司的 Mastercycle 梯度 PCR 仪；南京天龙仪器公司的 Tannon UV-2000 紫外分析仪。

8.3.1.3 试验设计

（1）DNA 提取

参照孙鑫（2004）等 SDS-CTAB 法并加以改进，具体见 8.1。

（2）正交试验设计

RAPD 反应体系中的正交试验具体见 8.2。

（3）*Taq* 酶及 BSA 的组合试验

1U 的 *Taq* 聚合酶设计梯度为 0.2 μL、0.4 μL、0.6 μL、0.8 μL、1 μL，BSA 的浓度梯度为 0.2 μg/μL、0.4 μg/μL、0.6 μg/μL、0.8 μg/μL、1 μg/μL。两者两两组合成 25 组试验，具体组合见表 8-4。

8.3.2 结果与分析

正交试验结果见 8.2。*Taq* 聚合酶及 BSA 的组合试验结果见图 8-8 和图 8-9。

表 8-4　*Taq* 聚合酶及 BSA 的组合试验设计

组别	*Taq*	BSA	组别	*Taq*	BSA	组别	*Taq*	BSA	组别	*Taq*	BSA
1	0.2	0.2	8	0.4	0.6	15	0.6	1	22	1	0.4
2	0.2	0.4	9	0.4	0.8	16	0.8	0.2	23	1	0.6

续　表

组别	Taq	BSA	组别	Taq	BSA	组别	Taq	BSA	组别	Taq	BSA
3	0.2	0.6	10	0.4	1	17	0.8	0.4	24	1	0.8
4	0.2	0.8	11	0.6	0.2	18	0.8	0.6	25	1	1
5	0.2	1	12	0.6	0.4	19	0.8	0.8			
6	0.4	0.2	13	0.6	0.6	20	0.8	1			
7	0.4	0.4	14	0.6	0.8	21	1	0.2			

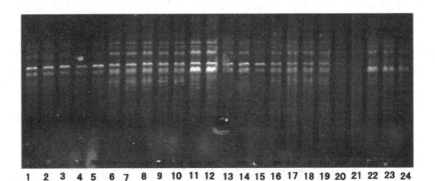

图 8-8　Taq 聚合酶及 BSA 的 1 ~ 24 组组合扩增结果

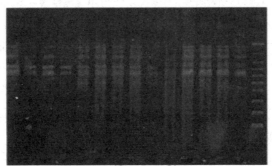

图 8-9　Taq 聚合酶及 BSA 的 12 ~ 25 组组合扩增结果

在以上结果中，第 8 组和第 11 组的效果均好，综合考虑选择第 8 组，即 Taq 聚合酶 0.4 μL，BSA0.6 μg/μL 为宜。

8.3.3 结论与讨论

不同植物 RAPD 扩增的模板 DNA 用量及 BSA 质量浓度需经摸索才可确定。有研究表明，模板 DNA 的用量及 BSA 质量浓度对香果树 RAPD 扩增的影响与水杉、七子花等植物不同（边才苗等，2002）。水杉 RAPD 扩增体系中，BSA 质量浓度为 0.6 μg/μL 时对扩增效果的改善作用最明显。七子花 RAPD 扩增体系中，BSA 质量浓度为 1 μg/μL 时具有最佳的扩增条带。香果树的 RAPD 扩增则不需添加 BSA，当没有添加 BSA 时，扩增条带的亮度最大、最清晰；而随着 BSA 质量浓度的升高，扩增条带的亮度与数目逐渐减少（李钧敏等，2004）。在荸荠叶状茎 DNA 的 RAPD 反应体系中，解除多酚化合物抑制作用的最适牛血清白蛋白质量浓度是 0.4 μg/μL，高质量浓度的牛血清白蛋白并未显示出更好的效果（李梅，1999）。在花生 RAPD 反应系统中加入 BSA，RAPD 扩增片段可明显增加，但 BSA 的加量不宜过多，其加量在 l μg/μL 和 2 μg/μL 较为合适。当加量达到 4 μg/μL 和 8 μg/μL 时，许多弱带消失了（叶冰莹，2000）。在大血藤 15 μL RAPD 反应体系中加入 2 μg/μL 的 BSA 具有较好的扩增效果（金则新，2003）。

在微生物方面，BSA 质量浓度的变化对土壤真菌 RAPD 扩增条带的数量和强弱有一定的影响。当不添加 BSA 时，扩增的条带数目较少；当 BSA 质量浓度为 1 μg/μL 时，条带清晰，数目较多；当 BSA 质量浓度增加至 1.5 μg/μL 以上时，条带数目减少。当 BSA 质量浓度较高时，RAPD 扩增结果出现乳白色沉淀，反而抑制了 RAPD 扩增。BSA 可增强土壤真菌 RAPD 扩增的效果浓度以 1 μg/μL 为宜（李钧敏，2004）。当模板 DNA 为 40 ng，BSA 质量浓度为 1 μg/μL 及 2 μg/μL 时，扩增出的 RAPD 条带较亮，但条带有些变形；当 BSA 质量浓度增加到 3 μg/μL 时，可扩增出正确清晰的条带；当模板 DNA 为 20 ng，均可扩增出明显的条带，但随着 BSA 质量浓度的升高，有些条带变模糊；当模板 DNA 为 20 ng，BSA 质量浓度升高至 3 μg/μL 时会导致一些条带的丢失。在土壤可培养细菌 RAPD 扩增中，模板 DNA 的量以 20 ng 为宜，而 BSA 质量浓度以 2 μg/μL 为宜（李钧敏，2003）。

本实验的研究表明，连香树 RAPD 扩增体系中，BSA 的最佳质量浓度与水杉相同，均为 0.6 μg/μL，比七子花、花生、大血藤和土壤真菌的最佳浓度均低，而比荸荠叶状茎 DNA 的 RAPD 反应体系、香果树 RAPD 扩增体系中的 BSA 浓度高。BSA 的加入使经过正交试验的连香树 RAPD 反应体系各组成成分中，*Taq* 聚合酶的用量减少了 60%。由于 *Taq* 聚合酶的价格远远高于 BSA，因此，BSA 的加入不仅改善了连香树的 RAPD 扩增效果，而且节约了实验成本。

8.4　基于 RAPD 的连香树遗传多样性研究

8.4.1　引言

生物多样性保护已成为当前全球关注的焦点问题，而珍稀物种则是生物多样性保护的重点。探讨物种稀有和濒危机制是生物多样性研究与保护的热点之一，而稀有和濒危物种的遗传学研究则是其中的一个重要方面（Falk et al.，1991；Schemske et al.，1994）。多样性保护的中心环节是遗传多样性保护，遗传多样性主要是指物种内不同居群间或居群内不同个体间遗传差异的总和，这些差异是物种进化的重要原料储备，它决定了物种进化的潜势（Nei，1978）。物种的遗传变异越丰富，对环境变化的适应性也就越大，而其遗传多样性的丧失则意味着该物种的部分灭绝（周立伟等，1995）。因此，物种保护的目标便是尽可能地保存物种现有的遗传变异。物种的遗传多样性是长期进化的产物，也是物种生存和发展的前提，对稀有和濒危物种遗传多样性和群体遗传结构的研究，是揭示其适应潜力的基础，也为进一步探讨稀有和濒危物种濒危机制，制定相应的保护措施提供科学依据（葛颂等，1997）。种下水平的遗传变异研究，对于了解濒危物种在未来环境下的适应或进化，以及物种保护等均具有深刻的意义（Millar et al.，1991；Schaal et al.，1991）。

很多学者从形态、细胞、生理和分子等不同水平对物种的遗传多样性进行了研究（董玉琛，1995），其中 DNA 分子标记技术以其独特的优点在珍稀濒危保护植物遗传多样性研究中得到了广泛应用（Maile et al.，2003；Robert et al.，2000；Vandewoestijne et al.，2002）。物种遗传多样性研究以获得大量遗传标记为前提，同工酶技术由于检测的是基因表达产物而有其局限性（Levi et al.，1993）。直接检测 DNA 多态性的分子标记技术由于不受组织特异性和发育阶段的限制，具有同工酶标记无法比拟的优越性，在居群遗传变异研究中有巨大的潜力。

RAPD（Random Amplified Polymorphic DNA）方法是 William（1990）和 Welsh（1990）各自独立发现的。与其他 DNA 分子标记相比，RAPD 具有操作技术简单易行、花费更少，也无须预知目的基因组序列（Elena et al.，2003）即无须了解研究物种的遗传背景等优点。在濒危物种居群遗传结构的研究中已被广泛采用，其结果包含很多的保护信息（Li et al.，2002；Maki et al.，1999；Torres et al.，2003；Jover et al.，2003；Kingston et al.，2004）。

因此，本研究我们采用 RAPD 技术，通过对连香树分布区内有代表性天然居群遗传变异和居群遗传结构的研究，拟探讨以下问题：① 在这一物种中存在多少遗传变异？② 是否所有的居群具同等变异？③ 居群内遗传变异，占整个物种遗传多样性多大的比重？④ 居群间的基因流状况；⑤ 连香树的濒危是否与它的遗传多样性有关。

8.4.2　材料与方法

8.4.2.1　药品与试剂

液氮（购自南京大学制冷厂），SDS，CTAB，抗坏血酸钠，PVP40，Tris 碱，EDTA，β–Mercaptoethanol，NaCl，浓 HCl，KAc，70% 乙醇，NaAc，无水乙醇，枸橼酸钠，异丙醇，石英砂，氯仿，异戊醇，双蒸水，硼酸，BSA（购自南京生兴生物技术有限公司）；随机引物，琼脂糖，*Taq* 聚合酶，dNTPs，10×Buffer 缓冲液，25mmol/L 的氯化镁等（购自北京赛百盛生物有限公司）。

8.4.2.2　仪器设备

北京六一仪器厂的 DYY–Ⅲ–8B 稳压稳流型电泳仪和 DYY–Ⅲ–34A 电泳槽、美国 PE 公司的 PE9600 扩增仪、EPPENDORF 基因有限公司的 Mastercycle 梯度 PCR 仪、南京天龙仪器公司的 Tannon UV–2000 紫外分析仪、常州国华电器有限公司的恒温振荡器、北京发恩科贸有限公司的 D–1 型自动蒸气灭菌锅、上海安亭科学仪器厂的 TGL–16G 高速冰冻离心机、法国的 Gilson 移液枪一套。

8.4.2.3　连香树材料的收集与处理

物种居群各世代之间稳定的基因和基因型频率是进行合理取样的前提。包括"哈迪－温伯格平衡（Hardy–Weinberg Equilibrium）"定律在内的居群遗传学原理是取样的理论基础。"哈迪—温伯格平衡"定律认为，在没有选择、突变、遗传漂变和迁移的情况下，在一个很大并随机交配的居群内，各等位基因的频率将世代保持恒定，或基因型频率至多在第二代以后将达到恒定，即保持一个稳定的平衡（王中仁，1996）。根据连香树的分布范围，选取了湖南新宁、湖北长阳、湖北巴东、河南济源、四川宝兴赶羊沟、四川宝兴鹿井沟、四川峨眉山、陕西户县、浙江天目山、安徽金寨、安徽歙县等 11 个天然居群进行遗传多样性分析。每个居群在 30 个不同单株上采取 5～6 片无病斑嫩叶，迅速放入装有变色硅胶的密封袋中进行快速干燥。密封袋编号与单株的编号一致，带回实验室后保存于 –70 ℃低温冰箱备用。采样的同时测量并记录各单株间的距离。

8.4.2.4　连香树 DNA 的提取

通过对几种方法的比较研究，确定连香树 DNA 提取的方法采用改进的 SDS-CTAB 法，

具体操作详见 5.2.1.3.1。

8.4.2.5　连香树 RAPD 扩增体系的建立

（1）经过正交实验和 BSA 的优化实验，连香树 RAPD 扩增体系确立为：

在 20 μL 反应体系中，各因素的优化组合为：25 mmol/L Mg^{2+} 2 μL，10 mmol/L dNTPs 0.4 μL，1 U 的 *Taq* DNA 酶 0.4 μL，BSA 0.6 μL，10 × Buffer 缓冲液 2.5 μL，0.5OD 引物 0.8 μL，约 25 ng 模板 0.6 μL。

（2）优化的 RAPD 扩增程序为：94 ℃预变性 3 min，一个循环；94 ℃变性 30 s，37 ℃退火 15 s，72 ℃延伸 90 s，40 个循环；72 ℃最后延伸 7 min；4 ℃保存。

8.4.2.6　连香树 RAPD 引物的筛选

在确定 RAPD 扩增体系的基础上，通过 11 个来自不同居群的连香树 DNA 样品对 300 个 RAPD 引物进行初筛（图 8-10），结果显示有 256 个引物有扩增，占总引物的 85.33%。再从其中挑选出条带较多的 125 个，用 11 个不同居群的 DNA 样品进行复筛（图 8-11），从中筛选出条带较多、多态性强及重复性好的 20 个引物，用于 11 个不同居群个体的 RAPD 正式扩增。选出的 20 个引物的名称及序列见表 8-5。

8.4.2.7　连香树 RAPD 扩增结果的带谱读取

RAPD 带谱的记录读取遵循以下原则（周延清，2005）：

（1）只记录易于辨认的条带，排除模糊不清的带。

（2）在所要比较的泳道中无法准确标识的带应予以排除。

（3）迁移率相同，但强度不同的带，当强带的强度超过弱带的两倍时，不应当将它们当作是相同的带。

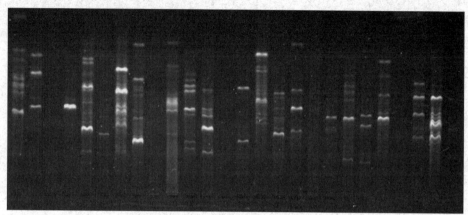

图 8-10　引物初筛

1 ～ 26 为一个样品 DNA 用引物 B1-B20-C1-C6 扩增

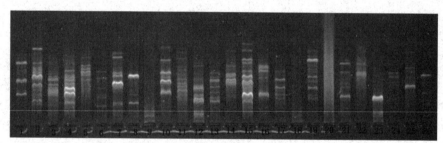

图 8-11　引物复筛

表 8-5　RAPD 引物序列

引物编号	引物序列	引物编号	引物序列
A02	TGCCGAGCTG	B15	GGAGGGTGTT
A03	AGTCAGCCAC	C04	CCGCATCTAC
A04	AATCGGGCTG	C05	GATGACCGCC
A07	GAAACGGGTG	C08	TGGACCGGTG
A11	CAATCGCCGT	C11	AAAGCTGCGG
A14	TCTGTGCTGG	C19	GTTGCCAGCC

续　表

引物编号	引物序列	引物编号	引物序列
A16	AGCCAGCGAA	C20	ACTTCGCCAC
A17	GACCGCTTGT	E02	GGTGCGGGAA
B02	TGATCCCTGG	E14	TGCGGCTGAG
B05	TGCGCCCTTC	F01	ACGGATCCTG

注：1～26（从左至右）为一个样品 DNA 用引物 A02、A03、A04、A07、A11、A14、A16、A17、A20、B02、B05、B15、C04、C05、C08、C09、C11、C13、C15、C16、C19、C20、E01、E02、E14、F01 的扩增。

8.4.2.8　连香树 RAPD 扩增结果的数据统计方法

（1）多态位点比例（proportion of polymorphic loci），即

$$PPB = \frac{k}{n} \times 100\%$$

式中：k 为多态位点数；n 为检测到的位点数。多态位点：具有 2 个以上等位基因且每个等位基因频率大于 0.01 的位点。

（2）等位基因频率 q_i（allele frequency），即

$$q_i = \frac{2n_{ii} + \sum n_{ij}}{2N} \quad (i \neq j)$$

式中：n_{ii} 为具有纯合 $a_i a_i$ 基因型的个体数；n_{ij} 为具有杂合 $a_i a_j$ 基因型的个体数，N 为个体总数。

（3）等位基因平均数 A（average number of alleles），即

$$A = \frac{\sum a_i}{n}$$

式中：a_i 为第 i 个位点的等位基因数；n 为测定位点总数。

（4）有效等位基因平均数（N_e），即

$$N_e = \frac{\sum n_e}{n}, \quad n_e = \frac{1}{\sum p_i^2}$$

式中：n_e 为单个位点上的有效等位基因数；p_i 为单个位点上第 i 个等位基因频率；n 测定位点总数。

（5）平均期望杂合度（H_e）（average expected heterozygosity），即

$$H_e = \frac{\sum h_e}{n}, \quad h_e = 1 - p_i^2$$

式中：h_e 为单个位点上的杂合度；p_i 为单个位点上第 i 个等位基因的频率；n 为检测位点总数。H_e 衡量的是居群中基因的多少及其分布的均匀程度，Nei（1973）将其定义为"基因多样性（gene diversity）（h）"，作为衡量居群变异水平的理想参数，也是当前应用最广泛的指标。

（6）基因分化系数（G_{st}）（coefficient of gene differentiation），即

$$G_{st} = \frac{D_{st}}{H_t} = \frac{H_t - H_s}{H_t}$$

式中：H_t 和 H_s 分别为居群总的遗传多样度和居群内的遗传多样度，计算方法同 H_e 即平均期望杂合度的计算，但计算 H_t 时，p_i 为第 i 个等位基因在总居群中的频率（所有居群基因频率的平均值），而计算 H_s 时，需先计算每个居群的 H_e 值，p_i 为第 i 个等位基因在该居群中的频率，再将所有居群的 H_e 值平均即得 H_s，每个位点可得出一个 G_{st} 值。该法是建立在分解遗传多样度（平均期望杂合度）的基础上的，即将总居群的遗传多样度分解为居群内的遗传多样度和居群间遗传多样度两部分，从而求出居群内遗传多样度占总遗传多样度的比例，以衡量居群的分化程度。

（7）基因流（N_m）（gene flow），即

$$N_m = \frac{1 - G_{st}}{4G_{st}}$$

Wright（1951）认为，当 $N_m > 1$ 时，基因流就可以防止由遗传漂变引起的居群间的遗传分化。

（8）居群间遗传距离（D）（distance），即

$$D = -\ln I$$

$$I = \frac{J_{XY}}{\sqrt{J_X J_Y}}$$

式中：I 又称为遗传相似性系数，表示两居群间的遗传相似程度，其中 J_X、J_Y 和 J_{XY} 分别是所有位点上 j_X、j_Y 和 j_{XY} 的算术平均值，

$$j_X = \sum X_i, \quad j_Y = \sum Y_i, \quad j_{XY} = \sum X_i Y_i$$

式中：X_i、Y_i 分别是 X、Y 居群中第 i 个等位基因。

（9）Shannon 多样性指数（I），即

$$I = -\sum p_i \log_2 p_i$$

式中：p_i 是一条扩增产物存在的频率，即 RAPD 条带的表型频率，I 为表型多样性指数。I 可以计算两种水平的多样性：H_{pop} 是居群内平均多样度测度，H_{sp} 是种内多样性。

$$\frac{H_{pop}}{H_{sp}}$$

是居群内多样性所占的比例。

$$\frac{H_{sp} - H_{pop}}{H_{sp}}$$

为居群间多样性所占比例。

（10）遗传距离与地理隔离的相关分析。

利用 SPSS（Statistical Product and Service Solutions）统计分析软件（卢纹岱，2005）计算遗传距离与地理间隔（经度、纬度）间的相关系数，并进行显著性检验。

8.4.2.9　连香树 RAPD 扩增结果的数据分析方法

RAPD 是显性标记，同一引物扩增产物中电泳迁移率一致的条带被认为具有同源性，属于同一位点的产物，并按扩增阳性（1）和扩增阴性（0）记录电泳带谱，形成 RAPD 表型数据原始矩阵，用于进一步分析（钱韦等，2001）。采用两类方法对该原始数据进行解释：①将 RAPD 标记视为表型性状，直接利用原始数据的二元矩阵即表型矩阵进行计算；②将每个位点视为两个等位基因 M、m，分别视为显性、隐性，数据"1"代表基因型 MM 或 Mm，数据"0"代表基因型 mm，在假设居群内基因频率处于 Hardy-Weinberg 平衡的前提下，通过隐性基因型（扩增阴性）的频率（q^2），利用平衡定律 $q^2 + 2pq + p^2 = 1$（p 为显性基因频率，q 为隐性基因频率）计算出各基因的频率（基因频率矩阵），用于下一步的统计分析。

居群遗传结构分析包括居群内遗传变异水平的检测、个体之间的遗传关系以及居群间的遗传分化程度三个方面。

（1）采用以下两类方法评估居群遗传多样性水平：①根据表型矩阵，统计扩增产物的条带总数和多态性条带数量，计算多态条带所占比例 PPB 和单位引物多态条带数，并计算基于各引物条带表型的 Shannon 多样性指数 I。②根据基因频率矩阵，先按照小样本对 RAPD 数据进行 Lynch-Milligan 矫正，剔除

$$q^2 < \frac{3}{N} \quad （N \text{ 为取样大小}）$$

的条带后（Lynch et al.，1994），用 POPGENE 32 软件（Yeh et al.，1997）计算 RAPD 扩增产物的观测等位基因数（A）、有效等位基因数（N_e）和基因多样性指数（H），反映不同层次居群内的遗传多样性水平。

（2）用 AMOVA-PREP 程序中的欧式距离（张富民等，2002；Excoffier，1993）计算出个体间遗传距离，形成距离矩阵。

（3）居群间遗传分化的分析：

首先，根据基因频率矩阵，用 POPGENE 32 软件计算连香树总体基因多样度（H_t），各居群基因多样度（H_s）、基因分化系数（G_{st}）和基因流（N_m）以反映居群间的遗传分化程度。

其次，用 TFPGA 软件包（Mark et al.，2000）中 AMOVA 软件（Excoffier，1993）对遗传变异的三级谱系进行剖分。

最后，用 Shannon 多样性指数计算基于各引物扩增条带在居群（H_{pop}）和物种水平的表型多样性（H_{sp}），分别依据（$\dfrac{H_{pop}}{H_{sp}}$）和（$\dfrac{H_{sp}-H_{pop}}{H_{sp}}$）计算居群内和居群间变异所占的比例。同时，利用 TFPGA 软件包中的 tfpga 程序计算出 Nei 无偏遗传距离，并用 UPGMA 法进行聚类分析。

8.4.3　结果与分析

8.4.3.1　多态位点百分比及其分布

RAPD 是显性标记，同一引物扩增产物中电泳迁移率一致的条带被认为是等分子量的扩增带（邹喻苹等，2001），相对迁移距离相同的条带为一个 RAPD 标记（姜自锋等，2002）。RAPD 分子标记在研究遗传多样性时，同种乃至同属个体产生分子量相同的谱带具有同源性（Marilla et al.，1996），所以，每一条扩增带可看成是一个独立性状。利用 RAPD 技术研究遗传关系时，必须检测 50 个以上位点才能得到比较正确的结果（Wilkie et al.，1993）。本研究对 20 个 RAPD 引物在 11 个连香树居群的扩增情况进行了统计（对少数第一次扩增效果不好的样品重新加样扩增后参与统计）。不同引物对各居群样品扩增结果的代表性结果见图 8-12 至图 8-20。结果表明，20 个引物共扩增出 691 条 DNA 片段，这表示对连香树基因组 691 个位点进行了检测。平均每个引物扩增出 34.6 条，其 DNA 片段大小分布在 100～3 000 bp。其中，多态性条带 328 条，占总条带数的 47.5%，平均每个引物扩增出多态性条带 16.4 条，表明连香树天然群体遗传变异比较丰富。从扩增条带在各引物中的分布看（表 8-6），引物 A17 扩增出的条带最多，有 39 条，扩增出条带最少的是引物 C20，有 29 条。而多态性条带数量以引物 A02 最多，为 20 条，引物 B02 最少，为 10 条。因此，不同引物在衡量和评价群体遗传多样性中有不同作用。

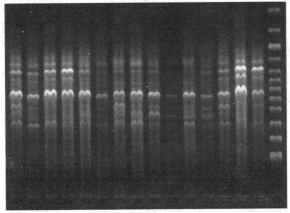

图 8-12　引物 C20 对连香树济源居群 1～15 号个体的扩增结果

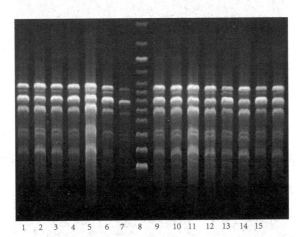

图 8-13　引物 F01 对连香树巴东居群 1～15 号个体的扩增结果

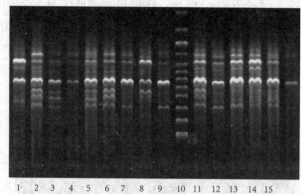

图 8-14　引物 E14 对连香树长阳居群 1 ~ 15 号个体的扩增结果

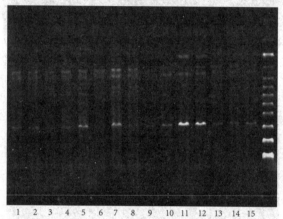

图 8-15　引物 C11 对连香树新宁居群 1 ~ 15 号个体的扩增结果

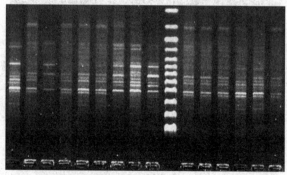

图 8-16　引物 B02 对连香树峨眉居群 1 ~ 15 号个体的扩增结果

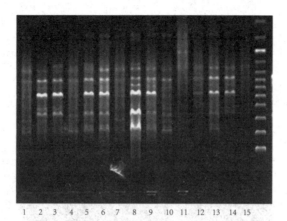

1　2　3　4　5　6　7　8　9　10　11　12　13　14　15

图 8-17　引物 A02 对连香树天目山居群 1 ～ 15 号个体的扩增结果

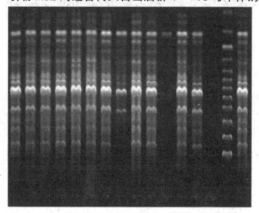

1　2　3　4　5　6　7　8　9　10　11　12　13　14　15

图 8-18　引物 A07 对连香树赶羊沟居群 1 ～ 15 号个体的扩增结果

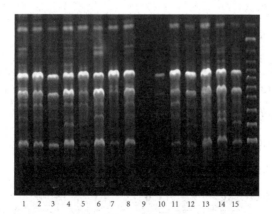

1　2　3　4　5　6　7　8　9　10　11　12　13　14　15

图 8-19　引物 A16 对连香树鹿井沟居群 1 ～ 15 号个体的扩增结果

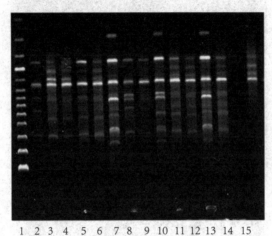

1 2 3 4 5 6 7 8 9 10 11 12 13 14 15

图 8-20　引物 B15 对连香树金寨居群 1 ~ 15 号个体的扩增结果

表 8-6　20 个 RAPD 引物在连香树群体中扩增的 DNA 片段

引物	序列 5'-3'	扩增总带数	多态性带数	多态带百分率 /%
A02	TGCCGAGCTG	37	20	54.1
A03	AGTCAGCCAC	31	14	45.2
A04	AATCGGGCTG	34	17	50.0
A07	GAAACGGGTG	35	18	51.4
A11	CAATCGCCGT	37	19	51.4
A14	TCTGTGCTGG	35	16	45.7
A16	AGCCAGCGAA	35	16	45.7
A17	GACCGCTTGT	39	16	41.0
B02	TGATCCCTGG	33	10	30.3
B05	TGCGCCCTTC	33	17	51.5
B15	GGAGGGTGTT	35	15	42.9
C04	CCGCATCTAC	36	18	50.0

续　表

引物	序列5′–3′	扩增总带数	多态性带数	多态带百分率/%
C05	GATGACCGCC	32	18	56.3
C08	TGGACCGGTG	33	17	51.5
C11	AAAGCTGCGG	35	15	42.9
C19	GTTGCCAGCC	33	16	48.5
C20	ACTTCGCCAC	29	15	51.7
E02	GGTGCGGGAA	38	19	50.0
E14	TGCGGCTGAG	35	14	40.0
F01	ACGGATCCTG	36	18	50.0
Total	20	691	328	47.5

　　从湖北巴东、湖北长阳、四川宝兴赶羊沟、四川宝兴鹿井沟、四川峨眉、安徽金寨、浙江天目山、河南济源和湖南新宁9个居群的统计结果看，20个引物扩增出的多态性位点总数依次为460，531，489，266，159，123，176，445和408个，多态性位点比率分别为66.57%、76.85%、70.77%、38.49%、23.01%、17.8%、25.47%、64.4%和59.04%，9个居群的平均多态位点比率为62.69%。9个居群中，多态位点比率最高的居群是湖北长阳居群，最低是安徽金寨居群，两者相差近60个百分点。根据多态位点百分比的大小，9个居群的排序情况是湖北长阳居群＞四川宝兴赶羊沟居群＞湖北巴东居群＞河南济源居群＞湖南新宁居群＞四川宝兴鹿井沟居群＞浙江天目山居群＞四川峨眉居群＞安徽金寨居群。因此，连香树各天然居群间的遗传变异以及居群内的遗传多样性均存在一定差异。

8.4.3.2　基因频率变化

　　平均每个位点的等位基因数反映不出每个等位基因的频率及其在居群中的重要性，如果等位基因的数目很多，但频率都极小，它们在居群中的重要性都不大，而平均等位基因数目却很大。而一个居群平均每个位点的等位基因有效数目，则可以较好地反映在居群中起作用的等位基因数目。20个引物中，平均有效等位基因数最大的是引物A02，为1.4527；最小的是引物E14，为0.1363。在Nei定义的基因多样性即平均期望杂合度中，以引物A02的最大，为0.2815，最小的是引物B02，为

0.130 6。Shannon 多样性指数也是以引物 A02 最大，为 0.439 4，最小的也是引物 B02，为 0.234 1（表 8-7）。因此，基因频率变化、平均期望杂合度及 Shannon 多样性变化也反映了不同引物在评估物种遗传变化的不同作用。

为了准确分析连香树物种的遗传变化，利用基因频率信息进一步分析了 9 个居群有效等位基因的变化（表 8-8）。结果表明，9 个居群中，长阳居群的平均有效等位基因数最大，为 1.334 2，金寨居群的平均有效等位基因数最少，为 1.179 4。按照有效等位基因数大小的排序情况是：湖北长阳居群 > 四川宝兴赶羊沟居群 > 湖北巴东居群 > 湖南新宁居群 > 河南济源居群 > 浙江天目山居群 > 四川峨眉居群 > 四川宝兴鹿井沟居群 > 安徽金寨居群。与根据多态位点比率排序结果相比，湖南新宁居群与河南济源居群交换了对应的序位，浙江天目山居群和四川峨眉居群序位提前，而四川宝兴鹿井沟居群则序位退后。

表 8-7　连香树的遗传多样性

引物	观测等位基因数	有效等位基因数	平均期望杂合度	Shannon 多样性指数
A02	2	1.452 7	0.281 5	0.439 4
A03	2	1.413 6	0.257 4	0.403 6
A04	2	1.328 7	0.216 5	0.352 4
A07	2	1.421 5	0.265 7	0.418 2
A11	2	1.359	0.233 1	0.372 8
A14	2	1.324 1	0.222 2	0.363 4
A16	2	1.408 9	0.264 3	0.419
A17	2	1.265 8	0.185 2	0.310 1
B02	2	1.175 7	0.130 6	0.234 1
B05	2	1.390 1	0.241 6	0.381 8
B15	1.971 4	1.311 3	0.200 3	0.323 1
C04	2	1.270 5	0.176 8	0.295
C05	2	1.431 7	0.270 6	0.423 8

续　表

引物	观测等位 基因数	有效等位 基因数	平均期望 杂合度	Shannon 多样性 指数
C08	2	1.420 5	0.26	0.410 1
C11	2	1.374 3	0.241 3	0.385 7
C19	2	1.358 1	0.227 6	0.365 1
C20	2	1.398 2	0.251 2	0.397 2
E02	2	1.405 1	0.261 6	0.416 3
E14	2	0.136 3	0.209 8	0.337 1
F01	2	1.340 6	0.225 6	0.366 8
平均值	1.998 6	1.358 5	0.230 8	0.370 3

8.4.3.3　Shannon 多样性指数

根据等位基因频率计算了连香树 9 个自然居群的 Shannon 多样性指数（I），结果显示（表 8-8），湖北长阳居群的遗传多样性 I 值最高，为 0.326 2，安徽金寨居群的遗传多样性 I 值最低，为 0.124 4。根据 Shannon 多样性指数，9 个居群的排列次序为：湖北长阳居群 > 四川宝兴赶羊沟居群 > 湖北巴东居群 > 河南济源居群 > 湖南新宁居群 > 四川宝兴鹿井沟居群 > 浙江天目山居群 > 四川峨眉居群 > 安徽金寨居群，9 个居群的大小顺序与根据多态位点比率的排序结果一致（表 8-9）。

表 8-8　连香树各居群的有效等位基因数

引物	巴东	长阳	新宁	济源	赶羊沟	鹿井沟	峨眉	金寨	天目山
A02	1.515	1.252	1.355	1.269	1.474	1.327	1.216	1.351	1.432
A03	1.339	1.450	1.361	1.259	1.438	1.355	1.226	1.226	1.226
A04	1.280	1.440	1.329	1.189	1.311	1.184	1.353	1.088	1.206
A07	1.342	1.501	1.204	1.304	1.426	1.237	1.343	1.171	1.400
A11	1.429	1.510	1.256	1.253	1.297	1.178	1.243	1.189	1.243
A14	1.337	1.291	1.484	1.271	1.300	1.114	1.086	1.143	1.171

续　表

引物	巴东	长阳	新宁	济源	赶羊沟	鹿井沟	峨眉	金寨	天目山
A16	1.388	1.427	1.230	1.357	1.354	1.236	1.314	1.029	1.171
A17	1.305	1.329	1.236	1.257	1.222	1.095	1.231	1.128	1.051
B02	1.196	1.249	1.039	1.296	1.179	1.061	1.001	1.000	1.030
B05	1.396	1.319	1.250	1.244	1.429	1.347	1.303	1.303	1.303
B15	1.370	1.271	1.200	1.158	1.188	1.286	1.229	1.229	1.086
C04	1.279	1.161	1.220	1.180	1.322	1.111	1.194	1.222	1.306
C05	1.287	1.255	1.391	1.350	1.286	1.291	1.438	1.438	1.313
C08	1.277	1.429	1.495	1.315	1.389	1.250	1.152	1.212	1.242
C11	1.254	1.426	1.370	1.230	1.248	1.204	1.086	1.143	1.343
C19	1.263	1.330	1.279	1.252	1.387	1.165	1.273	1.303	1.364
C20	1.335	1.176	1.395	1.515	1.271	1.218	1.379	1.138	1.379
E02	1.277	1.368	1.320	1.414	1.331	1.236	1.290	1.053	1.237
E14	1.173	1.279	1.375	1.309	1.295	1.170	1.143	1.000	1.200
F01	1.182	1.202	1.310	1.391	1.154	1.223	1.139	1.222	1.417
平均值	1.312	1.334	1.303	1.289	1.314	1.213	1.232	1.179	1.255

表 8-9　连香树各居群由 Shannon 多样性指数估计的遗传多样性

引物	巴东	长阳	新宁	济源	赶羊沟	鹿井沟	峨眉	金寨	天目山
A02	0.432	0.264	0.304	0.250	0.430	0.276	0.150	0.244	0.300
A03	0.312	0.412	0.331	0.235	0.370	0.308	0.157	0.157	0.157
A04	0.271	0.411	0.278	0.194	0.312	0.181	0.245	0.061	0.143
A07	0.348	0.450	0.178	0.297	0.409	0.197	0.238	0.119	0.277
A11	0.365	0.435	0.278	0.276	0.301	0.189	0.169	0.131	0.169
A14	0.337	0.288	0.405	0.296	0.315	0.123	0.059	0.099	0.119
A16	0.365	0.384	0.186	0.327	0.311	0.213	0.218	0.020	0.119

续　表

引物	巴东	长阳	新宁	济源	赶羊沟	鹿井沟	峨眉	金寨	天目山
A17	0.293	0.360	0.229	0.261	0.226	0.106	0.160	0.089	0.036
B02	0.212	0.289	0.051	0.283	0.197	0.067	0.001	0.001	0.021
B05	0.369	0.319	0.221	0.231	0.395	0.273	0.210	0.210	0.210
B15	0.345	0.307	0.186	0.167	0.202	0.250	0.158	0.158	0.059
C04	0.266	0.202	0.215	0.188	0.316	0.105	0.135	0.154	0.212
C05	0.270	0.264	0.331	0.327	0.298	0.260	0.303	0.303	0.217
C08	0.278	0.397	0.438	0.315	0.353	0.211	0.105	0.147	0.168
C11	0.241	0.381	0.359	0.239	0.264	0.164	0.059	0.099	0.238
C19	0.273	0.314	0.262	0.259	0.357	0.158	0.189	0.210	0.252
C20	0.313	0.184	0.348	0.438	0.269	0.210	0.263	0.096	0.263
E02	0.247	0.353	0.297	0.356	0.321	0.203	0.201	0.037	0.164
E14	0.196	0.284	0.339	0.283	0.277	0.169	0.099	0.001	0.139
F01	0.190	0.207	0.282	0.366	0.162	0.194	0.096	0.154	0.289
平均值	0.296	0.326	0.275	0.278	0.304	0.191	0.161	0.124	0.177

8.4.3.4　Nei 遗传分化指数和基因流

揭示濒危物种遗传多样性和遗传变异在居群内和居群间的分布，能为制定相关的保护策略与恢复措施提供理论指导（Ellstrand et al.，1993；Avise et al.，1996；Drummond et al.，2000）。遗传分化系数是剖析和衡量不同变异来源遗传多样性及其重要程度的指标，是了解种内遗传结构的重要参数（李斌等，2004）。本研究利用 POPGENE 32 软件计算的群体遗传分化指数是 Nei 指数（Nei，1973，1978）。Nei 指数所研究对象为随机交配群体，并假定其处于 Hardy–Weinberg 平衡状态。Nei 将群体基因多样性 Ht 分解为群体内基因多样性 Hs 和群体间基因多样性 Dst，且有：$Ht=Hs+Dst$，而基因分化系数 $Gst=Dst/Ht$。经过运算，9 个居群的基因多样性如表 8–10 所示。

表 8–10 表明，各居群 Nei 指数估计的基因多样性也存在明显差异，湖北长阳居群的基因多样性最高，为 0.208，安徽金寨居群的基因多样性最低，为 0.089 8。按基

因多样性大小排序结果为：湖北长阳居群 > 四川宝兴赶羊沟居群 > 湖北巴东居群 > 湖南新宁居群 > 河南济源居群 > 浙江天目山居群 > 四川宝兴鹿井沟居群 > 四川峨眉居群 > 安徽金寨居群，与有效等位基因数的排序类似，只是四川宝兴鹿井沟居群和四川峨眉居群的序位进行了互换，即四川宝兴鹿井沟居群的序位提前一位，而四川峨眉居群的序位退后一位。

表 8-10　Nei 指数估计的连香树各居群基因多样性

引物	巴东	长阳	新宁	济源	赶羊沟	鹿井沟	峨眉	金寨	天目山
A02	0.290	0.164	0.204	0.163	0.284	0.187	0.108	0.176	0.216
A03	0.205	0.272	0.216	0.154	0.249	0.206	0.113	0.113	0.113
A04	0.171	0.268	0.187	0.121	0.196	0.115	0.177	0.044	0.103
A07	0.222	0.298	0.117	0.192	0.263	0.133	0.171	0.086	0.200
A11	0.247	0.291	0.171	0.170	0.188	0.118	0.122	0.095	0.122
A14	0.214	0.182	0.273	0.182	0.197	0.077	0.043	0.071	0.086
A16	0.238	0.252	0.128	0.213	0.208	0.139	0.157	0.014	0.086
A17	0.188	0.223	0.146	0.165	0.141	0.065	0.115	0.064	0.026
B02	0.130	0.172	0.028	0.181	0.119	0.042	0.001	0.001	0.015
B05	0.240	0.203	0.146	0.149	0.256	0.190	0.152	0.152	0.152
B15	0.226	0.186	0.120	0.104	0.125	0.168	0.114	0.114	0.043
C04	0.169	0.117	0.136	0.114	0.199	0.067	0.097	0.111	0.153
C05	0.175	0.164	0.223	0.213	0.185	0.173	0.219	0.219	0.156
C08	0.175	0.259	0.293	0.200	0.231	0.143	0.076	0.106	0.121
C11	0.157	0.252	0.231	0.148	0.163	0.113	0.043	0.071	0.171
C19	0.171	0.202	0.170	0.163	0.233	0.104	0.136	0.152	0.182
C20	0.203	0.114	0.228	0.294	0.169	0.136	0.190	0.069	0.190
E02	0.162	0.226	0.191	0.240	0.205	0.136	0.145	0.026	0.118
E14	0.118	0.178	0.223	0.183	0.177	0.107	0.071	0.001	0.100

续　表

引物	巴东	长阳	新宁	济源	赶羊沟	鹿井沟	峨眉	金寨	天目山
F01	0.118	0.127	0.186	0.239	0.101	0.129	0.069	0.111	0.208
平均值	0.191	0.208	0.180	0.179	0.194	0.126	0.116	0.090	0.127

进一步用 Nei 指数估测基因多样性在群体内和群体间的分布进行了统计与分析（见表 8-11），结果表明，群体总基因多样度为 0.246 3，群体内平均基因多样度为 0.128 2，群体间平均基因多样度为 0.118 1，群体 Nei 基因分化系数为 0.479 7，也就是说总变异中 47.97% 存在于居群间，居群内变异占了总变异的大部分，达 52.03%。

表 8-11　Nei 指数估测的连香树基因多样性的构成和遗传分化

引物	物种基因多样性	居群内基因多样性	居群间基因多样性	物种基因分化系数	基因流
A02	0.305 6	0.162 9	0.142 7	0.412 9	1.308 8
A03	0.233	0.149 1	0.083 9	0.310 4	2.203 7
A04	0.255 7	0.125 6	0.130 1	0.396 2	2.985
A07	0.289 6	0.152 9	0.136 7	0.436 9	1.112 4
A11	0.25 9	0.138 3	0.120 7	0.363 5	2.381 7
A14	0.222 1	0.120 4	0.101 7	0.343 9	2.928 2
A16	0.256 2	0.130 5	0.125 7	0.394 3	1.572 2
A17	0.166	0.103	0.063	0.243 3	3.954 6
B02	0.104 3	0.062 4	0.041 9	0.210 9	5.341 4
B05	0.265 9	0.148 9	0.117	0.369	2.203 8
B15	0.230 2	0.109	0.121 2	0.408	2.610 2
C04	0.235 8	0.105 7	0.130 1	0.417 2	2.531 6
C05	0.314 4	0.156 9	0.157 5	0.437 2	1.344 2
C08	0.258 6	0.145 8	0.112 8	0.359 8	1.575 9

续 表

引物	物种基因多样性	居群内基因多样性	居群间基因多样性	物种基因分化系数	基因流
C11	0.236	0.122 7	0.113 3	0.384 9	2.375 5
C19	0.285 4	0.137 5	0.147 9	0.436 7	1.274 9
C20	0.287 1	0.144 8	0.142 3	0.455 3	1.115 2
E02	0.253 8	0.131 7	0.122 1	0.410 3	1.182 7
E14	0.191 6	0.105 3	0.086 3	0.289 8	4.268 5
F01	0.286 2	0.117	0.169 2	0.501 5	1.210 6
平均值	0.246 3	0.128 2	0.118 1	0.479 7	0.542 4

基因流是影响植物遗传结构的重要因子（Widen et al.，1992），可以阻止种群内遗传变异减少，防止种群间遗传分化（Slatkin，1987）。了解基因流及其随之而来的居群间基因迁移，对濒危物种的保护至关重要（Frankel et al.，1981）。当基因流很高时，容易引起基因淹没（gene swamping）（即失去在自然选择下获得的遗传变异），它是一种极端形式的迁移负担（migration load），即由于迁移导致居群适合度下降（Lenormand，2002）。居群间中等频率至高频率的基因流动有助于防止居群隔离，从而维持遗传变异和防止近交衰退（Frankel et al.，1981；Franklin，1980）。表 8-11 表明，由 Nei 基因分化系数估计的基因流为 0.542 4，表明居群间的基因流动水平较低。

8.4.3.5　Nei 遗传一致度及遗传距离

基因分化系数只能对一个居群的分化程度作出评价，却不能判定居群间相互关系的远近，而遗传一致度（或称为遗传相似系数）和遗传距离的度量则可以说明每两个居群间彼此关系的密切程度。为了确定连香树 11 个居群间的遗传关系，计算了各居群间的遗传一致度和遗传距离（表 8-12）。

表 8-12 连香树居群间的遗传一致度和遗传距离

居群	巴东	赶羊沟	鹿井沟	新宁	长阳	济源	峨眉	金寨	天目山	户县	歙县
巴东	****	0.956	0.949	0.917	0.950	0.928	0.892	0.892	0.858	0.816	0.739
赶羊沟	0.045	****	0.961	0.938	0.952	0.925	0.911	0.903	0.879	0.831	0.761
鹿井沟	0.053	0.040	****	0.934	0.941	0.917	0.914	0.901	0.864	0.824	0.746
新宁	0.087	0.064	0.069	****	0.932	0.899	0.884	0.890	0.851	0.803	0.731
长阳	0.052	0.049	0.061	0.071	****	0.915	0.902	0.901	0.871	0.832	0.748
济源	0.075	0.078	0.087	0.106	0.089	****	0.873	0.876	0.890	0.807	0.719
峨眉	0.115	0.093	0.090	0.123	0.104	0.136	****	0.922	0.896	0.861	0.786
金寨	0.115	0.102	0.104	0.117	0.104	0.133	0.081	****	0.879	0.841	0.748
天目山	0.154	0.130	0.147	0.161	0.138	0.163	0.110	0.129	****	0.866	0.810
户县	0.203	0.185	0.193	0.220	0.184	0.215	0.150	0.173	0.144	****	0.786
歙县	0.302	0.273	0.293	0.313	0.291	0.330	0.241	0.290	0.211	0.241	****

注：右上为遗传相似度，左下为遗传距离

为便于直观地表示连香树 11 个天然居群间的相互关系，利用 UPGMA 聚类分析方法所得出的结果，绘制了各居群间的系统聚类图（图 8-21）。

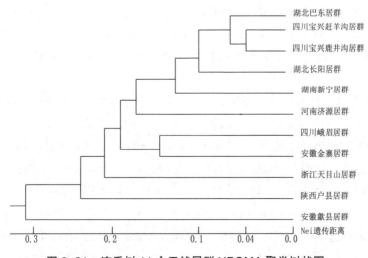

图 8-21 连香树 11 个天然居群 UPGMA 聚类树状图

表 8-12 表明，连香树各居群间遗传相似系数以四川宝兴赶羊沟居群与四川宝兴鹿井沟居群间的最高，为 0.960 6，以安徽歙县居群与河南济源居群间的最低，为 0.719 2。各居群间的遗传距离则在 0.040 2 ~ 0.329 6 之间变动，即安徽歙县居群和河南济源居群间的遗传距离最大，四川宝兴赶羊沟居群和四川宝兴鹿井沟居群间的遗传距离最小。根据图 8-21 中各居群的聚类结果，四川宝兴赶羊沟居群与四川宝兴鹿井沟居群间的关系最近，安徽金寨居群与四川峨眉居群的关系也较近，而安徽歙县居群与其他各居群的关系最远。

植物群体遗传变异性分布格局与该物种地理分布情形、生态特征等有关（Loveless et al.，1984），但也有不同观点。一些学者的研究结果认为遗传距离与空间距离之间相关性很大（Kiang et al.，1990；Alpert et al.，1993；顾少华，1992；郎萍等，1999），而另一些学者则认为遗传距离与空间距离之间无明显的内在关系（黄启强等，1995；李军等，1995；黎中宝等，2001）。对连香树各居群的研究表明，居群间遗传距离与空间距离之间（经度、纬度）有一定相关性，其中，遗传距离与经度的相关系数为 0.31，与纬度的相关系数为 0.136。显著性检验结果表明，遗传距离与经度、纬度的相关性均不显著（$p > 0.01$）。

8.4.4　讨论与结论

对珍稀濒危物种居群遗传多样性和居群遗传结构的研究，是了解其居群生物学特性、探讨濒危原因的第一步，同时也为制定科学保护和利用措施提供重要理论依据（赵阿曼等，2003）。遗传多样性丧失主要有五个方面的机制：① 物种或居群的灭绝；② 有益等位基因被选择作用固定；③ 有害等位基因的选择性剔除；④ 在小居群中，世代间的随机取样导致等位基因丢失；⑤ 居群内的近交降低杂合度。其中，小居群中的遗传漂变和近交则是普遍的现象（黄宏文等，2005）。连香树作为国家二级珍稀濒危保护植物，是第三纪古热带植物区系的孑遗物种（王东等，1991），其分布局限于中国和日本的局部地区，具有较低的遗传多样性。在 9 个居群中，最大的 Shannon 遗传多样性指数仅为 0.326 2，最大的 Nei 基因多样性指数也仅为 0.208。这与普遍认为稀有或分布区狭窄物种遗传多样性水平偏低（Hickey et al.，1991；Swensen et al.，1995）的观点一致。本研究中，连香树物种水平的多态位点比率为 47.5%，低于濒危物种金钱槭（*Dipteronia sinensis*）（92.97%）和云南金钱槭（*D. dyeriana*）（81.55%）（李珊等，2005）、矮牡丹（*Paeonia suffruticosa* subsp. *spontanea*）（67.6%）（邹喻苹等，1999）、七子花（*Heptacodium miconioides*）（60.7%）（郝朝运等，2005）、三棱栎（*Trigonobalanus doichangensis*）（52.87%）（韩春艳等，2004）、望天树（*Parashorea chinensis*）（48.22%）（李巧明等，2003）、资源冷杉

（*Abies ziyuanensis*）（52.4%）（苏何玲等，2004）、刺五加（94.5%）（戴思兰等，1998）、宽叶泽苔草（*Caldesia grandis*）（70.5%）（陈进明等，2005）、猪血木（*Euryodendron excelsum*）（51.8%）和圆籽荷（*Apterospema oblata*）（80.26%）（罗晓莹等，2005）、云贵水韭（*Isoetes yunguiensis*）（62.1%）（陈进明等，2005）等。但高于濒危物种（*Lactoris fernandeziana*）（24.5%）（Brauner et al.，1992）、银杉（*Cathaya argyrophyll*）（32%）（Wang et al.，1997）、山红树（*Pellacalyx yunnanensis*）（20.37%）（苏志龙等，2005）、水杉（*Metasequoia glyptostroboides*）（38.6%）（李晓东等，2003）、五针白皮松（*Pinus squamata*）（6.45%）（张志勇等，2003）、杜鹃红山茶（*Camellia changii*）（38.83%）（罗晓莹等，2005）等。有研究认为珍稀濒危物种这种低水平遗传变异是由于居群动态中的"瓶颈效应"或"奠基者效应"或者是由于小居群内的近亲繁殖造成或加剧的（Waller et al.，1987）。同时，珍稀濒危保护植物亦可保持高水平遗传变异（Hickey et al.，1991；Hamrick et al.，1991），如华山新麦草（*Psathyrostachys huashanica*）（刘占林等，2001；赵利锋等，2001）、四合木（*Tetreana mongolica*）（张颖娟等，2003）、金钱槭和云南金钱槭（李珊等，2005）、矮牡丹（邹喻苹等，1999）等。物种遗传多样性的保持受其生物学特性、生态条件、进化过程及历史事件等诸多因素的共同影响，不同类型的珍稀濒危物种可能具有不同的遗传意义（李珊等，2005），因此不同物种具有不同高低的遗传多样性水平。本研究认为，连香树具有低水平遗传多样性的原因，首先是小居群中的遗传漂变。植物化石研究表明，晚白垩纪和早第三纪北半球中等纬度地区，出现了连香树科祖先类群即 Joffrea-Nyssidum 复合群（路安民等，1993）。在加拿大晚白垩纪坎佩尼期地层中，发现了和现存连香树属植物相似的花粉（Jarzen，1978）。我国黑龙江嘉荫晚白垩纪、新疆阿勒泰古新世、抚顺始新世、内蒙古中新世发现了连香树属的叶化石（中国科学院植物研究所等，1978）。北美和欧洲早渐新世地层中，发现了与连香树属十分相似的花序化石（Crane，1989）。第四纪冰期、间冰期多次交替出现，造成动植物大规模的迁移，连香树也难逃厄运，其进化历史无疑受到第四纪冰川的影响。第四纪我国仅存在山岳冰川，并未受到冰盖影响，冰川活动被限制在局部地区，形成很多分散的动植物冰期避难所。而连香树现实分布区仅局限在我国和日本的局部地区，且呈斑块化或异质种群结构（metapopulation structure）。表明其现实分布是从不同的"避难所"演替而来，遗传基础受到限制，在至少几百万年的历史中，居群间基因交流受到一定程度的抑制，居群的遗传漂变严重，以及环境变化与灾害引起的随机性变化，导致其遗传多样性偏低。其次，可能第四纪冰期时形成的连香树"避难所"数目较少，初始居群间的遗传差异较小，导致现有居群的遗传多样性较低。

Wright（1965）提出可根据居群每代迁移数（Nm）大小来判别居群间基因交流状况与分化程度：当 Nm < 1 时，则遗传漂变可能导致居群间的分化。当居群间每代迁移数即基因流 Nm > 1 时，基因流就可防止由于遗传漂变引起的居群之间遗传分化（王中仁，1996）。而连香树 Nm 只有 0.542 4，小于五针白皮松（4.032）（张志勇等，2003）、金钱槭（0.668 5）和云南金钱槭（0.671 9）（李珊等，2005）等，其居群间基因交流极为有限，居群间遗传分化水平很高。地理距离大的不同居群间，各居群开花期不同。即使具有较接近开花期的居群，其间高大山脊阻隔也使花粉传播受到极大的阻碍。生境片断化不仅影响生态系统的种类组成、数量结构、生态过程以及非生物因素（Saunders et al，1991），同时也对物种遗传结构产生较大影响（Young et al，1996），导致居群遗传变异程度降低，而残留小居群间的遗传分化程度升高（罗晓莹等，2005）。

居群间遗传分化与环境因子的选择和基因流的阻隔有关。居群内部基因流会影响居群的遗传结构（Slatkin，1985；Fischer et al.，1998），同时生态小环境变异也可能导致不同居群间在遗传结构上的差异（Turkington et al.，1979）。AMOVA 分析表明，连香树的基因分化系数为 0.479 7，低于濒危植物矮牡丹（0.52）（邹喻苹等，1999）、山红树（0.7865）（苏志龙等，2005）、三棱栎（0.532）（韩春艳等，2004）等，高于双子叶植物基因分化系数的平均值（Gst = 0.273），也高于濒危植物资源冷杉（0.455）（苏何玲等，2004）、望天树（0.444 8）（李巧明等，2003）、五针白皮松（0.11）（张志勇等，2003）、金钱槭（0.447）和云南金钱槭（0.426 7）（李珊等，2005）、猪血木（0.356 6）、圆籽荷（0.171 3）、杜鹃红山茶（0.124 2）（罗晓莹等，2005）等，说明其居群间已产生较高水平遗传分化（李珊等，2005），居群内遗传变异维持在52.03%。较低的遗传多样性和较高的遗传分化，可能会导致该物种生存力下降以及对外界环境适应能力降低（Webstemeier et al.，1998）。

不同物种居群间遗传距离与空间距离的相关关系不同，对松嫩草原羊草（*Leymus*）（崔继哲等，2001）、水杉（*Metasequoia glyptostroboides*）（李晓东等，2003）、云南金钱槭（李珊等，2005）等的研究结果显示，遗传距离与地理距离间不存在显著相关关系。而对（*Frogaria chiloensis*）（Alpert et al.，1993）、黑果蝇（*Drosophila virilis*）（顾少华等，1992）、栗属（*Castanea*）（郎萍等，1999）、金钱槭（李珊等，2005）等的研究结果显示，遗传距离与地理距离间存在显著相关关系。本研究结果表明，连香树居群间的遗传距离与地理隔离无显著相关关系。产生这种现象的主要原因可能在于不同居群所处微环境差异较小，生境选择压力区别不大，中性遗传漂变可能引起居群间产生遗传差异，致使物种的遗传距离与地理距离不具有显著相关性。

由于受第四纪冰期的影响，连香树现实分布是从不同的"避难所"演替而来，遗传基础受到限制，居群的遗传漂变严重，以及环境变化与灾害引起的随机性变化，导致其遗传多样性偏低，各居群分异程度低，成种作用不强烈。同时，可能第四纪冰期时形成的连香树"避难所"数目较少，初始居群间的遗传差异较小，导致现有居群的遗传多样性较低。由于连香树雌雄异株、无花瓣、种子小且具透明翅等特性，除传粉动物、生态环境等因子对居群影响外，季节性的雨水也是一个重要的影响因素。它既对各居群种子散布、居群扩大有积极的作用，也对居群中个体密度和分布格局等有较大影响。季节性雨水可能是日本群岛连香树维持较高遗传多样性（Sato et al.，2006）而本研究所涉及连香树居群则具有较低遗传多样性水平的一个重要原因。

不同居群之间具有明显的地理隔离，因而部分阻止了居群间的基因交流。在所研究的居群中，由 Nei 基因分化系数估计的基因流仅为 0.542 4，表明居群间基因交流困难。因此，各居群在各自的生境岛屿中进行既有共性又各具特点的成种作用，使得居群内变异占了总变异的大部分，达 52.03%。居群间遗传距离与空间距离之间（经度、纬度）相关性均不显著（$p > 0.01$）。居群间的隔离使树种发生分异，并使各具特点的分异持续发展。

RAPD 分析表明，遗传距离和空间距离之间的相关性不显著，在表型上叶片下面有毛的歙县居群与无毛的济源居群间遗传距离最大，而均无毛的赶羊沟居群与鹿井沟居群遗传距离最小。而表型聚类分析也表明，按照侧脉，有毛的歙县居群和无毛的宝兴居群距离最远；按照基宽距，有毛的新宁居群与无毛的户县居群距离最远；按照叶长，有毛的长阳居群与无毛的宝兴居群距离最远；按照叶宽，叶下毛类型不同的长阳和歙县居群距离最远；按照叶柄长，有毛的长阳居群和无毛的户县居群距离最远，按照叶基角，有毛的歙县居群和无毛的宝兴居群距离最远。因此，在 RAPD 分析中利用 UPGMA 聚类分析方法所得出的结果，与叶片表型各因子聚类分析所得结果基本一致。结合各居群的生态环境特点不同，我们可以将所研究居群分为三个生态宗（ecological race），即将新宁居群和歙县居群分为一个生态宗，长阳居群为一个生态宗，其余居群（宝兴、济源、巴东、户县、金寨、天目山、峨眉等）为一个生态宗。因此，在制定连香树的保育措施时，应充分考虑各个生态宗的自然环境特点、遗传多样性和基因流特征，使相关的措施更具有针对性，保育效果更加明显。

连香树的保护应在就地保护的过程中，通过营造人工林，在连香树分布的周围构建新的种群个体，创造植株传粉受精条件。对连香树天然和人工群落特征的进一步研究，将有利于揭示其濒危原因和种群扩大培育，及提高保护措施的针对性。

8.5 结论

（1）6 种 DNA 提取方法的比较分析表明，不论是纯度检测，还是 PCR 扩增效果检测，均反映出改进的 SDS–CTAB 法更适合于连香树基因组 DNA 提取。

（2）考虑了 PCR 反应体系各组分交互作用的正交试验结果表明，濒危植物连香树优化的 RAPD 反应体系为：在 20 μL 反应体系中，各因素的优化组合为：25 mmol/L Mg^{2+} 2 μL，10 mmol/L dNTPs 0.4 μL，1 U 的 *Taq*DNA 酶 1 μL，10 × Buffer 缓冲液 2.5 μL，0.5OD 引物 0.8 μL，约 25 ng 模板 0.6 μL。优化的 RAPD 扩增程序为：94 ℃预变性 3 min，一个循环，94 ℃变性 30 s，37 ℃退火 15 s，72 ℃延伸 90 s，40 个循环，72 ℃最后延伸 7 min，4 ℃保存。

（3）BSA 的加入使经过正交试验的连香树 RAPD 反应体系各组成成分中，Taq 酶的用量减少了 60%，即加入 BSA 0.6 μL 后，*Taq* 聚合酶用量由 1 μL 减少至 0.4 μL。BSA 的加入不仅改善了连香树 RAPD 扩增效果，而且节约了实验成本。

（4）20 个引物共扩增出 691 条 DNA 片段，平均每个引物扩增出 34.6 条，其 DNA 片段大小分布在 100 ~ 3 000 bp。其中，多态性条带 328 条，占总条带数的 47.5%，平均每个引物扩增出多态性条带 16.4 条，表明连香树天然群体遗传变异比较丰富。

（5）湖北巴东、湖北长阳、四川宝兴赶羊沟、四川宝兴鹿井沟、四川峨眉、安徽金寨、浙江天目山、河南济源和湖南新宁 9 个居群中，湖北长阳居群是多态位点比率最高、平均有效等位基因数最大、Shannon 多样性指数 *I* 值最高、基因多样性最高的居群，安徽金寨居群则是多态位点比率最低、平均有效等位基因数最小、Shannon 多样性指数 *I* 值最低、基因多样性最低的居群。

（6）居群内平均基因多样度为 0.128 2，居群间平均基因多样度为 0.118 1，群体 Nei 基因分化系数为 0.479 7，也就是说总变异中 47.97% 存在于居群间，居群内变异占了总变异的大部分，达 52.03%。

（7）由 Nei 基因分化系数估计的基因流为 0.542 4，表明居群间的基因流动水平较低。

（8）连香树各居群间遗传相似系数以四川宝兴赶羊沟居群与四川宝兴鹿井沟居群间的最高，为 0.960 6，以安徽歙县居群与河南济源居群间的最低，为 0.719 2。各居群间的遗传距离则在 0.040 2 和 0.329 6 之间变动，而安徽歙县居群和河南济源居群间的遗传距离最大，四川宝兴赶羊沟居群和四川宝兴鹿井沟居群间的遗传距离最小。

（9）居群间遗传距离与空间距离之间（经度、纬度）有一定相关性，显著性检验结果表明，遗传距离与经度、纬度的相关性均不显著（$P > 0.01$）。

附 录

附录1　发表文章

牛血清白蛋白对连香树扦插繁殖的影响

黄绍辉[①]，刘艳

徐州工程学院环境工程学院，徐州 221008

（湖北农业科学 [J]，2015，54（23）：5922-5925.）

摘要： 为探讨牛血清白蛋白（BSA）与植物扦插苗根系发育的关系，以濒危植物连香树（*Cercidiphyllum japonicum*）为试验材料，研究不同浓度外源 BSA 对连香树扦插苗的生理和形态响应，结果表明，BSA 浓度低于 $7.58\ \mu mol \cdot L^{-1}$ 时，比对照提高了扦插苗的生根率、显著增加侧根数和平均根长，使植物内源 GA，ABA，ZR 和 IAA 含量的变化向有利于根系形成和生长的方向变化，对扦插苗不定根形成有不同程度的促进作用。而高浓度的 BSA（$\geqslant 15.15\ \mu mol \cdot L^{-1}$）比对照降低了扦插苗的生根率、显著减少侧根数和平均根长，使植物内源 GA，ABA，ZR 和 IAA 含量的变化向不有利于根系形成和生长的方向变化，对扦插苗不定根形成有不同程度的抑制作用。

关键词： 牛血清白蛋白；连香树；扦插繁殖；根系；植物内源激素

Effect of bovine serum albumin on propagation of Endangered Plant Cercidiphyllum japonicum cutting

HUANG Shao-Hui, LIU Yan

College of Environmental Engineering，Xuzhou Institute of Technology，Xuzhou 221008，China

① 资助 江苏省高校自然科学基金（12KJD180006）、徐州市科技计划项目（XZZD1318）。通讯作者（E-mail：xzhshui@163.com；Tel：0516-83105273）

Abstract : Endangered plant *Cercidiphyllum japonicum* was used to investigate the relationship between bovine serum albumin（BSA）and the development of plant cuttings root system. Physiological and morphological responses to exogenous BSA of different concentrations were studied. The results showed that applying appropriate BSA（$\leqslant 7.58\ \mu mol \cdot L^{-1}$）was able to increase the cutting root rate and lateral root number and average length of root，enhance root activity and conducive the plant endogenous GA，ABA，ZR and IAA content changed in the direction of promoting the growth of roots and adventitious root formation of cuttings. However，high concentrations of BSA（$\geqslant 15.15\ \mu mol \cdot L^{-1}$）have different extent inhibition effects，and reduce the number of lateral roots，average root length and rooting rate than the control，and the plant endogenous GA，ABA，ZR and IAA content changed in the direction of inhibiting adventitious root formation and the growth of root in different degrees.

Keywords : bovine serum albumin ; *Cercidiphyllum japonicum* ; cutting propagation ; root system ; Plant endogenous hormone

连香树（*Cercidiphyllum japonicum*）为国家二级濒危保护植物，在系统演化中处于比较原始的地位[1]。其居群间基因交流困难[2]，为短时间短距离风媒传粉[3]，在干旱胁迫下，连香树种子萌发和幼苗生长受到抑制[4]。开展连香树的有性繁殖和无性繁殖研究，对于保护和发展该濒危物种种质资源具有重要的价值。

本文采用蛭石、珍珠岩和河沙组成连香树嫩枝扦插的培养基，以无菌水作为对照，探讨连香树插穗对不同浓度牛血清白蛋白（BSA）浸泡处理的形态和生理反应，为评估蛋白质如何影响植物扦插繁殖生根提供基础资料。

1 材料与方法

1.1 材料

连香树插穗于 2014 年 3 月 1 日采自南京中山植物园。

1.2 实验处理

按照长 8 ~ 10 cm、直径 0.8 ~ 1 cm 并保留 2 ~ 3 个半叶选取连香树插穗。剪好的插穗马上放入水中保持湿润防止水分丧失。插穗形态学的下部用低浓度的糖溶液浸泡 1 h 后，再用 0.3% ~ 0.5% 的 $KMnO_4$ 消毒 30 min，接着用 500 mg·L^{-1} 的萘乙酸处理 4 h，然后用 5 种浓度（1.52 μmol·L^{-1}、7.58 μmol·L^{-1}、15.15 μmol·L^{-1}、22.73 μmol·L^{-1}、45.45 μmol·L^{-1}）的牛血清白蛋白（BSA）浸泡处理插穗基部 4 h，

用无菌水冲洗后再进行扦插，每个浓度处理 50 株插穗。用无菌水浸泡作对照处理。2014 年 3 月 3 日把插穗扦插在培养基质中。

把蛭石、珍珠岩与河沙按照 1 : 1 : 2 比例混合配制成扦插基质，在扦插前 10 天按每亩 1 kg 施用多菌灵进行基质消毒。采用直插法进行苗床扦插，扦插深度为插穗长度的 60%，密度为每平方米 50 株插穗。扦插后立即浇 1 次水并及时遮阴处理。每个实验分别重复 3 次。通过自动喷雾装置，使棚内相对湿度控制在 80% 左右，温度保持在 25℃ 左右，光照强度为自然光的 1/3 ~ 1/2。

扦插 25 天后插穗开始生根，保持基质湿润，但在扦插后不能过分潮湿，及时中耕除草和施肥促进扦插苗的健康生长。

1.3 相关指标测定

2015 年 2 月 21 日检测生根率、生根数量和根的长度。在生根过程中，用酶联免疫吸附法测定 GA，IAA，ABA 和 ZR 4 种内源激素的含量变化。试验仪器采用美国原装进口酶标仪宝特 Elx800，产地为美国，OD 精准度：<1%（2.0 OD）。

1.4 数据处理

内源激素的测定结果使用 IBM SPSS Statistics21 计算。作图分析采用 GraphPad Prism6。

2 结果与分析

2.1 BSA 处理对插穗生根率的影响

低到中等浓度（$\leqslant 7.58 \, \mu mol \cdot L^{-1}$）的 BSA 浸泡处理连香树插穗，使插穗生根率提高，而高浓度（$\geqslant 15.15 \, \mu mol \cdot L^{-1}$）的 BSA 浸泡处理使插穗生根率明显降低 [图 1（a）]。$1.52 \, \mu mol \cdot L^{-1}$、$7.58 \, \mu mol \cdot L^{-1}$ 的 BSA 浸泡处理插穗，使连香树扦插生根率分别比对照提高 4.2% 和 2.1%。$15.15 \, \mu mol \cdot L^{-1}$、$22.73 \, \mu mol \cdot L^{-1}$ 和 $45.45 \, \mu mol \cdot L^{-1}$ 的 BSA 浸泡处理插穗，使扦插生根率分别比对照降低 18.7%、22.9% 和 27%。

2.2 BSA 处理对插穗生根数量和平均生根长度的影响

连香树插穗的平均生根数量和平均根长 [图 1（b）、图 1（c）]，在低到中等浓度（$\leqslant 7.58 \, \mu mol \cdot L^{-1}$）的 BSA 浸泡处理下增加，而在高浓度（$\geqslant 15.15 \, \mu mol \cdot L^{-1}$）处理下则降低。SPSS 统计分析表明，$1.52 \, \mu mol \cdot L^{-1}$ 的 BSA 浸泡处理显著增加（$P < 0.05$）侧根数量和侧根长度，而 $45.45 \, \mu mol \cdot L^{-1}$ 的 BSA 处理显著降低（$P < 0.05$）侧根数量和侧根长度。

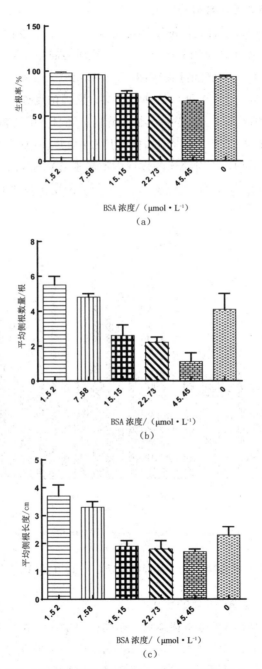

图1 BSA浸泡处理连香树扦插成活率（a）、平均根数量（b）和平均根长（c）

2.3　植物内源激素 GA 含量的变化

在扦插后的第一周，不管是低浓度还是高浓度处理，植物内源激素 GA 的含量均降低（图 2）。高浓度（$\geqslant 15.15\ \mu\text{mol} \cdot \text{L}^{-1}$）处理的插穗在第二周增加，而中低浓度（$\leqslant 7.58\ \mu\text{mol} \cdot \text{L}^{-1}$）处理的插穗则仍然下降。到第三周时，GA 含量变化则是中低浓度（$\leqslant 7.58\ \mu\text{mol} \cdot \text{L}^{-1}$）处理的插穗增加，而高浓度处理的插穗则降低。此后，高浓度处理的插穗，其 GA 含量持续快速降低，而且下降的幅度在第四周最大。中低浓度（$\leqslant 7.58\ \mu\text{mol} \cdot \text{L}^{-1}$）处理的插穗，其 GA 含量在第四、第五周持续下降，但从第六周开始缓慢增加。而对照组的插穗内源激素 GA 的含量，其变化趋势与高浓度（$\geqslant 15.15\ \mu\text{mol} \cdot \text{L}^{-1}$）处理的插穗一致，但每周的变化幅度小于高浓度处理组。

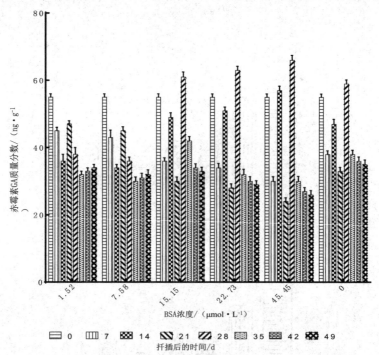

图 2　不同浓度 BSA 和对照处理扦插后 0 ～ 49 d 的 GA 含量变化

2.4　植物内源激素 IAA 含量的变化

对照组和各种浓度处理的连香树插穗，植物内源激素 IAA 的含量在扦插后的第一周均迅速下降（图 3）。中低浓度（$\leqslant 7.58\ \mu\text{mol} \cdot \text{L}^{-1}$）处理的插穗，其内源 IAA 含量第二周缓慢增加，第三周快速增加，而第四周则出现了下降，但第五周、第六周和第七周则出现连续的缓慢增加。对照组插穗的 IAA 含量在第二周快速增加到一个新的高值状态，到第三周则又迅速减少，第四周出现增加，第五周又迅速减少，第六、第七周则连续缓慢减少。高浓度（≥ 15.15 μmol·L⁻¹）处理的插穗，其内源 IAA 含量变化趋势与对照组一致，但变化的幅度比对照组大。

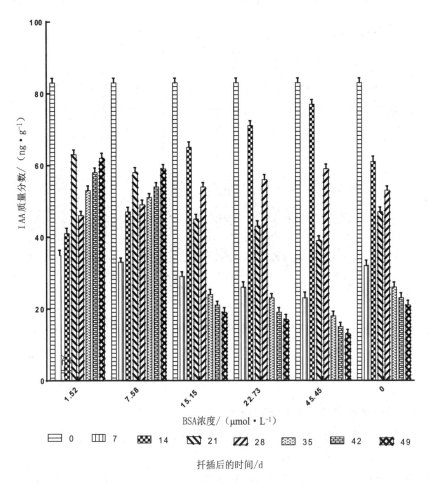

图 3　不同浓度 BSA 和对照处理扦插后 0 ～ 49 d 的 IAA 含量变化

2.5　植物内源激素 ABA 含量的变化

各种浓度处理的连香树插穗，植物内源激素 ABA 的含量在扦插后的第一周均降低（图 4）。中低浓度（≤ 7.58 μmol·L⁻¹）处理的插穗，ABA 的含量在第二周仍然降低，而高浓度处理组则增加。中低浓度（≤ 7.58 μmol·L⁻¹）处理的插穗到第三周时 ABA 的含量增加，第四周含量下降，第五周含量增加，第六周、第七周则含量缓慢下降。而高浓度处理的插穗到第三周时 ABA 的含量下降，第四周又上升到一个高的值，第五周又迅速下降，此后，第六周、第七周则持续缓慢下降。对照组的插穗内源激素 ABA 含量变化的趋势与高浓度（ ≥ 15.15 μmol · L⁻¹ ）处理的插穗一致，但每周的变化幅度小于高浓度处理组。

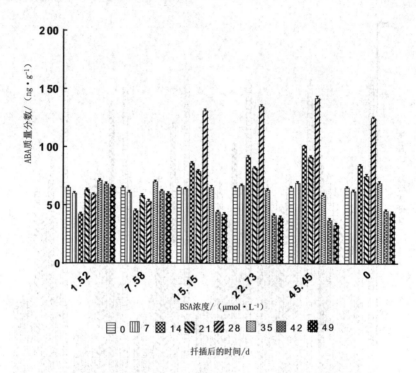

图 4　不同浓度 BSA 处理扦插后 0 ~ 49 d 的 ABA 含量变化

2.6　植物内源激素 ZR 含量的变化

中低浓度（ ≤ 7.58 μmol · L⁻¹ ）处理的连香树插穗，ZR 含量在扦插后第一至第三周连续下降（图 5），在第四周快速增加，经过第五周的快速下降后，第六周、第七周则持续缓慢下降。高浓度（ ≥ 15.15 μmol · L⁻¹ ）处理的连香树插穗，ZR 含量在扦插后第一周迅速下降，第二周至第三周则缓慢地连续下降，第四周又迅速增加，第五周迅速减小，第六周、第七周则持续缓慢下降。对照组内源激素 ZR 含量的变化趋势与高浓度处理的组一致，但变化的幅度比高浓度组小。

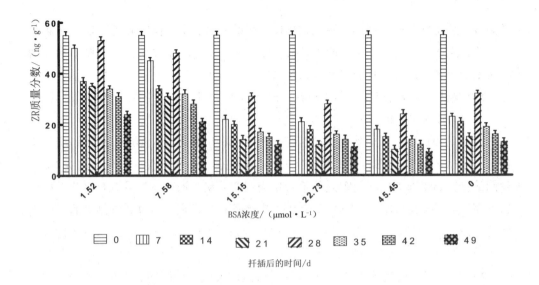

图 5　不同浓度 BSA 和对照处理扦插后 0～49 d 的 ZR 含量变化

3　讨论

营养物质的状态和类型决定植物根系构建的变化[5]。根系的分支结构对环境具有可塑性[6]。生长在不同氮混合物下的植物大小相似，但在提供有机氮条件下根系部分显著增大[7]。高浓度氨基酸如甘氨酸几乎完全抑制根系生长，单一的氨基酸如谷氨酰胺、酰胺、缩氨酸或有机氮化合物的混合物使根伸长、不定根形成和根冠比提高[8, 9]。当菊花不定根形成时，3% 的蛋白质与硝酸盐的代谢有关，7% 的蛋白质与激素有关[10]。苎麻通过促进细胞内碳和氮的流动、促进半胱氨酸和有关激素的合成以及向上调节机动蛋白促进根系的生长来适应氮磷钾的缺乏[11]。最近，硝酸盐或铵的传感和信号分子调节剂已被分离，揭示了转运系统和根系发育的共同调控基因，以及一个强大的连接 N 和激素之间的信号转导途径[12]。

还原型谷胱甘肽处理促进基本培养基和提供生长素培养基扦插苗根的形成[13]。作为唯一的 N 源，牛血清白蛋白使无菌培养下的拟南芥与 *Hakea actites* 增加根系生长，并使拟南芥主根长度加倍[14]。有研究表明，BSA 对根系形态的作用具有独立于生长素和乙烯的信号途径[15]。值得注意的是，严重的氮不足时，侧根的形成几乎完全缺失[5]。温室中扦插苗的生长对三种形式氮表现出类似的生长反应，但对 NH_4^+、NO_3^- 和甘氨酸的吸收能力并不相同[16]。不同的植物种类对外源有机氮的反应不同，例如，检测到了小麦在外源混合三个（丝氨酸／丙氨酸／甘氨酸）或两个（丝氨酸－丙氨酸）氨基酸下对缺氧耐受性的积极作用[17]。减少的谷胱甘肽的处理促进了番茄

扦插苗根系的形成 [13]。我们对濒危物种连香树的实验表明，较低浓度的 BSA 有利于扦插苗在逆境下生存，并尽快形成新根，促进根系发育。高浓度的 BSA 则不利于诱导新根的形成和发育。扦插繁殖是植物体的一部分离开亲本在逆境中再生新个体过程，我们推测，外源有机氮有利于植物对逆境的适应，并产生形态和生理反应。另外，这种反应与该有机氮的浓度有关。

在这里我们测定了连香树插穗对高分子质量有机氮胁迫的反应，结果表明外源蛋白质 BSA 对植物形态和内源激素的影响与有机氮的浓度有关。以无菌水为对照，我们的研究结果同意这样的观点即不管植物的营养状态如何，根系对有机营养显示出可测定的明显反应 [7]。不同浓度的 BSA 影响插穗生根率，通过影响侧根的形成改变根系结构，快速减少插穗扦插后内源植物激素如 ZR、IAA、ABA、GA 的含量，并且随着 BSA 浓度而发生波动。

植物激素在调节植物生长、发育和对胁迫的反应等方面均起着重要的作用 [18]。植物激素通过复杂的信号转导途径，形成复杂的相互作用网络，调节植物的生长和发育以响应外部环境的刺激。在植物激素对植物发育的可塑性调控研究中，植物根是一个特别有用的系统 [19]。在根系中，生长素参与侧根的形成，维持顶端优势和不定根的形成 [20]。现已证明不定根形成的所有阶段都依赖于或由内源性或外源性生长素调节 [13]。此外，外源生长素会促进不定根的形成和增加再生根的数量 [21]。虽然生长素在根的生长发育中起着至关重要的作用，其他几种植物激素则通过调节生长素的作用，进而影响根系的发育和结构 [22]。因此，在扦插繁殖中可以通过测定内源激素含量来了解插穗对逆境胁迫的反应。我们的实验表明，在突然遭遇逆境时，植物的四种内源激素（IAA、ABA、ZR、GA）含量会降低到最低。然而，外源有机氮 BSA 会不同程度地改变这种变化。低浓度的 BSA 会改变连香树插穗 4 种内源激素的含量和比例，促进根系发育。但较高浓度的外源 BSA，将改变 4 种内源激素的含量和比例且不利于根的形成。

我们测定的对生长发育有影响的四种激素的研究已有相关报道。例如，生长素会强烈降低再生根的伸长生长 [23]。纯化的沉积腐殖酸的作用与根系中 NO 和 IAA 浓度的增加以及依赖于 NO–IAA 途径的乙烯和 ABA 增加有功能上的联系 [24]。侧根在植物根系对生长素和细胞分裂素平衡的可塑性反应中是至关重要的 [25]。已有在蛋白质组水平上 ABA 参与水稻幼苗对胁迫反应的证据 [26]。ABA 会明显抑制新梢生长以及 OsKRP4，OsKRP5 和 OsKRP6 基因的表达 [27]。外源细胞分裂素的应用会抑制侧根的形成，减少细胞分裂素水平使转基因拟南芥植株显示出增加根分支和初生根生长 [22]。有证据表明晚香玉数量特征受 GA_3 处理的影响 [28]。我们的实验增加了对有机氮影响植物插穗根系生长和内源激素变化的理解，强调了濒危物种经营中应用有机氮的必要性和扩大了插穗根系形成实验体系中已有的知识。

参考文献

[1] 王东，高淑贞.中国连香树科的系统研究 II，次生木质部的显微和超微结构 [J]. 西北植物学报，1991, 11(4):287–290.

[2] 俸宇星，汪小全，潘开玉，等.rbcl 基因序列分析对连香树科和交让木科系统位置的重新评价：兼论低等金缕梅类的关系 [J]. 植物分类学报，1998, 36 (5):411–422.

[3] 孙羲.农业化学 [M].上海：上海科学技术出版社,1980.

[4] Althur M A , Fahey J J. Biomass and nutrients in an Engelmann spruces subalpine Fir forest in north central Coplorado: pool, annual production , and internal cycling[J]. Can J For Res, 1992, 22: 315–325.

[5] Davis G L. Systematic Embryology of Angiosperms. New York: John Wiley & Sons6.Erdtman G. Pollen Morphology and Plant Taxonomy Angiosperms[M]. New York and London :Hafner Publishing Co, 1996.

[6] Metcalfe C G, Chalk L. Anatomy of the Dicotyledons[M]. Oxford: Oxford University Press, 1957.

[7] Swamy B G L, Bailey L W. Themorphology and relationships of Cercidiphyllum [J]. J Arnold Arb, 1949, 30: 187–210.

[8] 路安民，李建强，陈之端.“低等” 金缕梅类植物的起源和散布 [J].植物分类学报，1993, 31(6): 489–504.

[9] 潘开义，刘照光.连香树人工幼林群落营养元素含量、积累分配和循环 [J]. 林业科学，2001, 37(2):1–12.

[10] 刘胜祥，黎维平，杨福生，等.神农架国家级自然保护区连香树资源现状及其保护 [J]. 植物资源与环境，1999, 8(1): 33–37.

[11] 潘开文.四川大沟流域土壤活性铝含量及其对连香树群落的影响 [J]. 山地学报，1999, 17(2):147–151.

[12] 潘开文，刘照光.10a 生连香树人工群落生物量研究 [J]. 应用与环境生物学报，1999, 5(2): 121–130.

[13] 戈峰.现代生态学 [M].北京：科学出版社,2002.

连香树幼树各器官相关性和回归分析

黄绍辉[1]　方炎明[**1]　方顺清[2]　王　波[2]　陈　花[2]

（1　南京林业大学 210037，203 # 2　宜兴市林场　214234）

贵州林业科技 [J].2006，34（4）：17-22.

摘　要： 定植两年的幼树稳定成活后，在第 3 年跟踪 29 块 10m ×10m 样地幼树各器官的生长情况，发现不同植株在不同月份的生长具有极显著的差异，各器官生长具有不同的相关性。树高生长与地径、总叶量、平均叶量、平均枝条大小、平均枝长等极显著相关，与分枝数负显著相关。不同植株的不同器官对树高的回归特征不同，种群中地径、总叶量对树高的回归系数较大，而分枝数对树高的回归系数最小，为 −0.029。

关键词： 连香树；栽培；线性回归；相关分析

Correlation and Regression Analysis of the Young Tree Organs of Cercidiphyllum japonicum

Huang Shaohui[1]，Fang Yanming [**1] Fang Shunqing[2]，Wan Bo[2]，Chen Hua[2]

（1.Nanjing Forestry University，210037；2. Yixing Forestry Farm，214234）

Abstract： Two years after plantation，the growth of different organs of the young trees of *Cercidiphyllum japonicum* in 29 samples（10 m ×10m）was observed in the 3th year. The result showed that the growth of different individuals in different months was significantly different，and the correlation among the growth of the different organs was different. There are significant positive correlation between the height and the ground diameter，total leaf amount，average leaf amount，average branch diameter and the average branch length，whereas the height and the number of branches was markedly negative correlated. The regression characters between the height and the different organs w ere different.

Key Words： *Cercidiphyllum japonicum*；Organs；Linear regression；Correlation analysis

由于连香树（*Cercid iphyllum japonicum*）为白垩纪残遗树种，为国家二级珍稀保护植物，在植物分类系统上有重要的地位，所以有关连香树系统演化问题的探讨报道较多（王东等，1991；俸宁星等，1998；Bob，1995；Sun，1980；Althur et al., 1992；Davis，1996；Erdtman，1996；Me tcalfe et a1.，1957；Swamy et a1.，1949）。近年来发现连香树是优良的速生用材和观赏树种，又是重要的中药材和香料工业植物（Sun，1980），因而逐渐被世界各国作为速生用材利庭院绿化树种广泛引种栽培。

连香树分布于日本的北海道、本州、四国和九州，中国山西南部、河南西南部、陕西南部、甘肃南部、安徽西部、浙江北部、江西北部和东部、湖北西部、四川西部和东南部，生于海拔 400 ~ 2500 m 的常绿和落叶阔叶混交林中（路安民等，1993）。

有研究表明，连香树一股适宜生长在土壤疏松多孔、富含有机质、自然含水率较高以及空气平均湿度较大的区域（潘开文等，2001）。连香树树干通直，木材质地坚硬，结构细致，可供建筑、制家具、细木工等用，为优良用材树种（刘胜祥等，1999）。连香树是浅根树种，根据其速生性和多用途性，可定向培育、基地化生产超短轮伐期工业用材林（如造纸、药业、化工等），也可作为中山区的先锋造林树种，迅速稳定不良的森林立地环境，为以后的针叶林或针阔混交林建设打基础（潘开文等，1999）。本文通过对 29 块已定植两年且稳定成活的连香树幼树各器官生长的跟踪监测，分析各器官的相关性，建立线性回归方程，为制定经营管理的量化措施提供基础数据。

1. 实验基本情况

连香树一年生实生苗来源于浙江临安，种植于江苏省宜兴市宜兴林场。定植一年后成活情况已稳定，植株已为正常生长状态。定植后的第三年，在生长期对林分的生长情况进行跟踪调查。

实验地年均气温 15.7 ℃，1 月平均气温 2.9 ℃，7 月平均气温 28.3 ℃，属亚热带东部季风气候类型。因附近有太湖，相对湿度较高，年降水量 1 200mm 左右，无霜期240 ~ 250 d，极端最低气温 –10 ℃，极端最高气温 44 ℃，≥ 10 ℃的年积温 5000 ℃。土壤为黄壤，母岩为石英砂岩，土壤厚度 < 80 cm，pH 值 5 ~ 6。海拔 300 m 左右。

2. 调查和计算方法

在林分中不同地段选择 29 块大小为 10 m² × 10 m² 有代表性的样地，标记样地范围及样木编号。在 4 月份对所有样木测量一次，以后在 5 ~ 9 月，每月在同一时间重复测量一次。测量指标有地径、树高、每个分枝的大小、长度、叶片数量、分枝的数量。地径、树高、分枝的长度、叶片数量、分枝数量的测量同常规测量，分枝条大小的测量以分枝近主茎 1 cm 处的直径作为枝条的大小。每块样地分别计算各器官的平均值。以样地平均值进行相关分析和线性回归。

以 4 月份各器官的数据为初始值，进行初值化处理，即 5 ~ 9 月每月测得的每块样地各指标数据的平均值，分别除以对应指标 4 月份所测得的相应样地指标平均值，即设 A_{i0} 为样地 A 的 i 指标初始值，A_{ij} 为样地 A 的 i 指标在 j 时的指标值，则样地 A 的 i 指标在 j 时的初值化处理值为：

$$A_j = A_{ij}/A_{i0}$$

最后得到 29 块样地的各指标数据组。以 SPSS–11.5 对其进行相关分析和回归分析。

3. 结果与分析

结果表明，7 月、8 月是连香树生长比较快的时期。

3.1 方差分析

方差分析结果见表 1。

表 1　连香树各指标的方差分析

因子	参数	自由度	统计萤 F 值	P 值
树高	校正的模型	32	35.084	0.001
	样地	28	5.814	0.001
	月	4	239.972	0.001
地径	校正的模型	32	21.741	0.001
	样地	28	5.881	0.001
	月	4	132.761	0.001
分枝数	校正的模型	32	4.592	0.001
	样地	28	4.615	0.001
	月	4	4.429	0.002
平均枝长	校正的模型	32	6.073	0.001
	样地	28	5.792	0.001
	月	4	8.041	0.001

续　表

因子	参数	自由度	统计萤 F 值	P 值
平均枝条大小	校正的模型	32	10.076	0.001
	样地	28	4.876	0.001
	月	4	46.476	0.001
平均叶量	校正的模型	32	15.966	0.001
	样地	28	7.494	0.001
	月	4	75.271	0.001
总叶量	校正的模型	32	15.892	0.001
	样地	28	7.486	0.001
	月	4	74.740	0.001

表 1 的结果表明，不同植株间各因子的变化量差异显著，而且在一年内 5，6，7，8，9 月不同月份之间差异也显著。由于不同样地栽培和管理的实验条件均相同，唯一的差异是各样地植株个体的不同。因此，不同样地植株间的遗传差异导致了表现型的差异，使植株的各形态指标变化量差异显著。在所选定的 7 个指标中，以树高的差异最为显著，其方差值为 35.084，是所有方差中最大的。其次为地径，其方差值为 21.741，大大高于分枝数和枝条长度等指标的方差值。虽然各植株间分枝数的差异显著，但在所有指标中，它是最小的，仅为 4.592。

2.2　相关分析

各指标间的相关分析所得相应的树高与其他指标间的相关系数及其平均值见附表 2。

由表 2 结果可知，不同样地植株的平均树高与其他指标的相关性显著程度差别较大，其中正相关显著程度最大的是 1 号样地植株的平均树高与平均叶量之间，其相关系数为 0.999。负相关显著程度最大的是 24 号样地树木的平均树高与平均分枝数之间，其相关系数为 −1。其中还有 11 块样地树木的平均树高与平均分枝数间的相关系数为 0，表明它们之间不存在相关性。29 块样地中，平均树高与平均分枝数呈负相关，相关系数为 –0.438，而与其他因子均为正相关，其中与平均地径的相关系数最大为 0.975，其次为与平均叶量间的相关性。表明不同植株间各器官的生长速度不同，器官间生长相关性程度差别较大，有可能导致种群发展过程中植株间不同的生存竞争力，进而决定其不同的命运。

表 2 树高对地径等其他因子的相关系数

样地号	地径	分枝数	平均枝长	平均枝条大小	平均叶星	总叶萤
1	0.985**	−0.996**	0.222	0.966**	0.999**	0.998**
2	0.962**	0.812	−0.720	0.924*	0.767	0.990**
3	0.947*	−0.680	0.964**	0.997**	0.975*	0.979**
4	0.986**	−0.844	0.880*	0.888*	0.143	0.208
5	0.968**	−0.728	0.304	0.977**	0.947*	0.985**
6	0.958*	−0.810	−0.847	0.944*	0.977**	0.875
7	0.963**	−0.920*	0.934*	0.971**	0.981*	0.985**
8	0.990**	−0.598	0.587	0.684	0.994**	0.989*
9	0.926*	0	0.928*	0.944*	0.987**	0.987*
10	0.974**	0	0.026	0.916*	0.949*	0.949*
11	0.988**	0	0.640	0.974**	0.993**	0.993*
12	0.991**	−0.662	0.884*	0.987**	0.995**	0.984**
13	0.966**	−0.610	0.616	0.988**	0.986**	0.992**
14	0.967**	0	0.329	0.946*	0.992**	0.992**
15	0.982**	−0.816	−0.566	0.894*	0.968**	0.926*
16	0.969**	−0.858	0.937*	0.450	0.994**	0.993**
17	0.977**	0	0.428	0.828	0.992**	0.992**
18	0.899**	0	0.817	0.771	0.973**	0.973**
19	0.993**	0	−0.423	0.010	0.987**	0.987**
20	0.982**	0	−0.256	0.340	0.983**	0.983**

续　表

样地号	地径	分枝数	平均枝长	平均枝条大小	平均叶星	总叶萤
21	0.996**	−0.995*	−0.723	0.758	0.670	0.439
22	0.998**	0	0.766	0.409	0.994**	0.994*
23	0.969**	−0.997*	0.990**	−0.464	0.997**	0.994**
24	0.991**	−1.000**	0.548	0.498	0.957*	0.921*
25	0.997**	−0.979*	0.988**	0.683	0.966*	0.959**
26	0.990**	−0.838	0.819	0.751	0.991**	0.970**
27	0.997**	0	−0.910	0.992**	0.997**	0.997**
28	0.984**	0	0.925*	0.958*	0.992**	0.992**
29	0.993**	−0.170	0.144	0.857	0.946*	0.875
平均值	0.975	−0.438	0.353	0.753	0.934	0.928

注：** 表示 0.01 水平显著；* 表示 0.05 水平显著。

相关分析得各指标间的相关关系见表 9-3。

由表 3 可知，按 0.01 的检验标准，平均树高与平均地径、平均总叶量、平均叶量、平均枝条大小、平均枝长等因子极显著正相关，其中与平均地径的相关系数最大，为 0.836，与平均枝长的相关系数最小，为 0.243。平均地径除与平均树高极显著正相关且相关系数最大外，与平均叶量、平均总叶量、平均枝条大小等呈极显著正相关。平均分枝数除与平均枝条大小正相关外，与平均树高等其他因子均为负相关，且与平均枝长、平均叶量、平均地径等极显著负相关。平均枝长除与平均树高极显著正相关、与平均分枝数极显著负相关外，与平均叶量显著相关（0.05 检验标准），与平均枝条大小非显著负相关。平均枝条大小除与平均树高、平均地径极显著相关外，与平均叶量和平均总叶量均极显著相关。

表3　保存树的相关分析

	树高	地径	分枝数	平均枝长	平均枝条大小	平均叶星	总叶堂
树高	1	0.836**	0.212*	0.243**	0.726**	0.816*	0.818**
地径	0.836**	1	0.221	0.080	0.725**	0.782**	0.772*
分枝数	−0.212**	0.221*	1	0.541**	0.003	0.325**	0.007
平均枝长	0.243**	0.080	0.541**	1	0.011	0.163*	0.008
甲均枝条大小	0.726**	0.725**	0.003	0.011	1	0.676**	0.741**
平均叶量	0.816*	0.782**	0.325*	0.163*	0.676**	1	0.939**
总叶量	0.818**	0.772**	0.007	0.008	0.741**	0.939**	1

注：＊＊表示 0 01 水平的显著相关；＊表示 0 05 水平的显著相关。

2.3　回归分析

多元线性回归分析所得到各样地植株的回归方程见表4。

由表4可知，在相同实验条件下，不同样的植株的不同器官对其平均树高的回归系数差异较大，平均树高对其他因子的线性回归方程中也存在不同的常数项，分别体现各样地植株的生长特征。不同样地植株线性回归方程差异的大小，反映了种群内的遗传分化程度，代表了植株对环境的不同响应模式。但存在一个共同的特征，即在各样地植株中平均树高与平均地径间的线性回归系数都是最大的，且都在 0.9 以上。这与大多数林木的生长特征是一致的。

将 29 块样地树木作为一个整体，并各自初值化处理后进行多元线性回归，得到连香树平均树高对其他各因子的多元线性回归方程为

$$H = 0.836D - 0.029F + 0.228E + 0.269B + 0.364P + 0.89R + 0.546$$

显然，此方程式中各系数及常数项与附表 4 中各方程不同，它所代表的是种群中各器官总的发展趋势，与表 4 方程的关系是一般与具体的关系。方程中所代表的关系反映了生长季节中营养物质在各器官间的分配模式，表明树干直径生长和叶片是营养物质的主要消耗部位。

表4　各样地植株的线性回归方程

样地编号	多元线性回归方程
1	$H_2=0.985D-0.829F-0.076E+3.892P+0.448$
2	$H_3=0.962D-0.672E+0.131F-0.504B+0.846$
3	$H_8=0.947D-0.159F+3.052E+1.076B+1.186$
4	$H_9=0.986D-0.223F+0.24E-0.46B+0.246$
5	$H_{10}=0.968D-0.129F-0.057E+7.583B+1.589$
6	$H_{11}=0.958D+0.828F+.0.282E-0.288B+0.494$
7	$H_{12}=0.963D-0.302F+0.732E-12.61B+1.265$
8	$H_{13}=0.99D-0.008F-0.365E-0.248B+1.835$
9	$H_{15}=0.926D+0.5E+5.617B+1.482P+1.005$
10	$H_{16}=0.974D+0.089E+0.102B+0.832P+1.499$
11	$H_{17}=0.988D-0.023E-0.21B+0.625P+1.785$
12	$H_{18}=0.991D+0.015F+0.274E-3.32B+1.45$
13	$H_{19}=0.966D+0.065F+1.658E+5.265B+1.196$
14	$H_{20}=0.967D-0.052E-2.765B+1.79P+1.283$
15	$H_{21}=0.982D+0.326F-0.081E-2.153B+1.409$
16	$H_{22}=0.969D-0.018F+0.43E-0.209B+1.286$
17	$H_{23}=0.977D+0.172E+0.235B+0.265P+0.428$
18	$H_{24}=0.899D-0.889E-0.6B+2.05P+1.331$
19	$H_{30}=0.993D-0.06E+0.391B+0.254P+0.63$
20	$H_{31}=0.982D-0.149E-0.138B-0.062P+0.242$

续 表

样地编号	多元线性回归方程
21	$H_{32}=0.996D+1.409F+0.185E+0.002B+0.497$
22	$H_{33}=0.998D+0.052E+0.049B-0.995P+1.156$
23	$H_{34}=0.969D-0.815F+0.332E-0.136B+0.48$
24	$H_{35}=0.991D-0.846F+0.015E-0.015B+0.523$
25	$H_{36}=0.997D-0.203F+0.419E+0.305B+0835$
26	$H_{37}=0.99D+0.303F-0.402E+0.142B+0.673$
27	$H_{38}=0.997D-0.073E+0.36B-0.57P+0.795$
28	$H_{39}=0.984D+0.116E+0.599B-0.214P+0.803$
29	$H_{40}=0.993D-0.102F-1.539E-0.02B+0.73$

注：H_i 表示 i 样地植株的平均树高；D 表示平均地径；F 表示平均分枝数；E 表示平均枝长；B 表示平均枝条大小；P 表示平均叶量；R 表示平均总叶量。

3 结论与讨论

按 0.01 的检验标准，平均树高生长与平均地径、平均枝长、平均枝条大小、平均叶量、平均总叶量显著相关，因而方程中的回归系数也较大。平均地径与平均树高、平均枝长、平均枝条大小、平均叶量、平均总叶量显著相关。平均分枝数与平均叶量、平均总叶量显著相关。平均枝长与平均地径、平均树高显著相关。平均枝条大小与平均树高、平均地径、平均叶量、平均总叶量显著相关。平均叶量与平均分枝数显著负相关，与平均树高、平均地径、平均枝条大小、平均总叶量显著正相关。平均总叶量与平均树高、平均地径、平均分枝数、平均枝条大小、平均叶量显著相关。这些相关性体现了连香树各器官间的相互关系，方程中的回归系数是其关系的综合体现。方程中平均总叶量对平均树高的回归系数最大，为 0.89，其次为平均地径对平均树高的回归系数为 0.836，而平均分枝数对平均树高的回归系数最小，为 −0.029。回归方程中的常数项为 0.546。它们体现了种群中各器官在生长季节的营养分配特征，以及种群对环境的反应。

参考文献

[14] 王东，高淑贞.中国连香树科的系统研究Ⅱ：次生木质部的显微和超微结构 [J].西北植物学报，1991，11（4）：287–290.

[15] 俸宇星，汪小全，潘开玉，等.rbcl 基因序列分析对连香树科和交让木科系统位置的重新评价：兼论低等金缕梅类的关系 [J].植物分类学报，1998，36（5）：411–422.

[16] 孙鑫.农业化学 [M].上海：上海科技出版社，1980.

[17] Althur m A，Fahey J J. Biomass and nutrients in an Engelmann spruces subalpine Fir forest in north central Coplorado: pool，annual production，and internal cycling [J]. Canada journal of forest research，1992，22：315– 325.

[18] davis G L. Systematic Embryology of Angiosperms[M].New York：John Wiley & So ns6.Erdtman G. Pollen morphology and Plant Taxonomy Angiosperms [M]. New York：Hafner Publishing Co，1996.

[19] metcalfe C G，Chalk L. Anatomy of the dicotyledons[J]. Ox ford：Oxford University Press1957.V01.（1）：30–31.

[20] Swamy B G L，Bailey L W. Themorphology and relationships of Cercidiphyllum [J]. japonicum，1949，J Arnold Arb，30：187–210.

[21] 路安民,李建强,陈之端."低等"金缕梅类植物的起源和散布 [J].植物分类学报，1993，31（6）：489–504.

[22] 潘开义，刘照光.连香树人工幼林群落营养元素含量、积累分配和循环 [J].林业科学，2001，37（2）：1–12.

[23] 刘胜祥，黎维平，杨福生，雷来云，朱兆全.神农架国家级自然保护区连香树资源现状及其保护 [J].植物资源与环境，1999，8（1）：33–37.

[24] 潘开文.四川大沟流域土壤活性铝含量及其对连香树群落的影响 [J].山地学报，1999，17（2）：147– 151.

[25] 潘开文，刘照光.10a 生连香树人工群落生物量研究 [J].应用与环境生物学报，1999，5（2）：121 –130.

[26] 戈峰.现代生态学 [M].北京：科学出版社，2002.

附录 2 授权发明专利

一种濒危植物连香树车载式诊断治疗设备及其工作方法

（专利号：ZL201610292318.0，证书号：3049407，授权日：2018.08.28）

权利要求书

1. 一种濒危植物连香树车载式诊断治疗设备，包括：牵引汽车（1），诊断治疗设备（2），被检连香树（3），控制中心（4）；其特征在于，所述牵引汽车（1）承载厢体上表面设有诊断治疗设备（2），所述诊断治疗设备（2）套设在被检连香树（3）树干外径，所述诊断治疗设备（2）一侧设有中央控制中心（4）；

所述诊断治疗设备（2）可在牵引汽车（1）承载厢体上表面任意移动。

2. 根据权利要求1所述的一种濒危植物连香树车载式诊断治疗设备，其特征在于，所述诊断治疗设备（2）包括：药剂存放罐（2-1），抽药剂泵（2-2），输药剂管（2-3），圆盘底座（2-4），环形凹槽（2-5），高度调节千斤顶（2-6），喷药剂组件（2-7），双轴千斤顶（2-8），高度行程检测器（2-9），水平行程检测器（2-10）；其中所述药剂存放罐（2-1）放置于牵引汽车（1）承载厢体上表面，药剂存放罐（2-1）外径底部连接有抽药剂泵（2-2），所述抽药剂泵（2-2）与中央控制中心（4）导线控制连接；所述输药剂管（2-3）上依次串接有电磁控制阀及流量计，电磁控制阀及流量计分别与中央控制中心（4）导线控制连接，输药剂管（2-3）一端与抽药剂泵（2-2）连接，输药剂管（2-3）另一端与喷药剂组件（2-7）两直边端面连接；所述喷药剂组件（2-7）两直边内壁设有双轴千斤顶（2-8），所述双轴千斤顶（2-8）与中央控制中心（4）导线控制连接；所述圆盘底座（2-4）固定在牵引汽车（1）承载厢体上表面，圆盘底座（2-4）上表面设有环形凹槽（2-5），所述环形凹槽（2-5）与圆盘底座（2-4）圆心线重合，环形凹槽（2-5）深20～40 mm；所述高度调节千斤顶（2-6）设置在圆盘底座（2-4）上方，高度调节千斤顶（2-6）顶出杆一端与喷药剂组件（2-7）下表面焊接固定连接，高度调节千斤顶（2-6）下方端面与环形凹槽（2-5）滑动连接，高度调节千斤顶（2-6）与中央控制中心（4）导线控制连接；所述高度行程检测器（2-9）位于喷药剂组件（2-7）直边上表面，高度行程检测器（2-9）与中央控制中心（4）导线控制连接；所述水平行程检测器（2-10）位于喷药剂组件（2-7）直边内壁表面，水平行程检测器（2-10）与中央控制中心（4）导线控制连接。

3. 根据权利要求 2 所述的一种濒危植物连香树车载式诊断治疗设备，其特征在于，所述喷药剂组件（2-7）包括：喷药剂调节架（2-7-1），转轴（2-7-2），喷药剂头（2-7-3），树干病虫伤探测仪（2-7-4）；其中所述喷药剂调节架（2-7-1）数量为 2 个，两喷药剂调节架（2-7-1）相对排列，两喷药剂调节架（2-7-1）外形为"圆嘴钳"状，两喷药剂调节架（2-7-1）通过转轴（2-7-2）转动连接，喷药剂调节架（2-7-1）内部设有通道，喷药剂调节架（2-7-1）环形边内侧设有喷药剂头（2-7-3），喷药剂头（2-7-3）与喷药剂调节架（2-7-1）内部设有的通道相贯通，喷药剂头（2-7-3）数量不少于 5 个，喷药剂头（2-7-3）以喷药剂调节架（2-7-1）环形边圆心线为轴线周向均匀排布；所述树干病虫伤探测仪（2-7-4）位于喷药剂调节架（2-7-1）中部，树干病虫伤探测仪（2-7-4）的数量 1 ～ 4 个，树干病虫伤探测仪（2-7-4）与中央控制中心（4）导线控制连接。

4. 根据权利要求 3 所述的一种濒危植物连香树车载式诊断治疗设备，其特征在于，所述喷药剂调节架（2-7-1）包括：手柄架（2-7-1-1），环形架（2-7-1-2），转轴孔（2-7-1-3）；其中所述手柄架（2-7-1-1）为半"U"形，手柄架（2-7-1-1）与环形架（2-7-1-2）无缝焊接固定，所述环形架（2-7-1-2）为半"环"形；所述转轴孔（2-7-1-3）位于手柄架（2-7-1-1）与环形架（2-7-1-2）的无缝焊接处，转轴孔（2-7-1-3）为通孔，转轴孔（2-7-1-3）直径为 10 ～ 20 mm。

5. 根据权利要求 3 所述的一种濒危植物连香树车载式诊断治疗设备，其特征在于，所述喷药剂调节架（2-7-1）由高分子材料压模成型而制得，喷药剂调节架（2-7-1）的组成成分和制造过程如下。

（1）喷药剂调节架（2-7-1）组成成分。

按重量份数计，反丁烯二酸乙烯丙烯 31 ～ 91 份，顺丁烯二酸乙基（甲基二乙氧基硅基）酯 21 ～ 71 份，顺丁烯二酸二丁基锡酯 51 ～ 91 份，顺丁烯 -1，4- 二醇双丁酸酯 131 ～ 261 份，醋酸羟丙基甲基纤维素顺丁烯二酸酯 111 ～ 271 份，丙烯酸羟乙酯基羟氯丙基顺丁烯二酸酯 31 ～ 101 份，质量分数为 21 ～ 61 mg/kg 的聚甲基丙烯酸正丁酯 71 ～ 111 份，邻氨基苯甲酸甲酯 61 ～ 121 份，对乙酰氨基 - 邻甲氧基苯甲酸甲酯 131 ～ 281 份，交联剂 21 ～ 101 份，N-（对甲氧基苄基）邻氨基苯甲酸甲酯 21 ～ 91 份，环氧四氢邻苯二甲酸二辛酯 31 ～ 131 份，4- 联苯基 -6-苯甲酸苯酯 51 ～ 101 份，氯甲酰基（4- 三氟甲氧苯基）氨基甲酸甲酯 131 ～ 241 份；

所述交联剂为 4- 三氟甲氧基苯基异氰酸酯、4- 溴 -1- 氯 -2-（三氟甲基）苯、5-[2- 氯 -4-（三氟甲基）苯氧基]-2- 硝基苯甲酸羧甲基酯中的任意一种。

（2）喷药剂调节架（2-7-1）的制造过程，包含以下步骤。

第1步：在反应釜中加入电导率为 1.1 ~ 2.1 μS/cm 的超纯水 351 ~ 1151 份，启动反应釜内搅拌器，转速为 101 ~ 211 r/min，启动加热泵，使反应釜内温度上升至 31 ~ 51 ℃；依次加入反丁烯二酸乙烯丙烯、顺丁烯二酸乙基（甲基二乙氧基硅基）酯、顺丁烯二酸二丁基锡酯，搅拌至完全溶解，调节 pH 值为 3.1 ~ 9.1，将搅拌器转速调至 141 ~ 211 r/min，温度为 71 ~ 141℃，酯化反应 11 ~ 21 h。

第2步：取顺丁烯 -1, 4- 二醇双丁酸酯、醋酸羟丙基甲基纤维素顺丁烯二酸酯进行粉碎，粉末粒径为 111 ~ 321 目；加入丙烯酸羟乙酯基羟氯丙基顺丁烯二酸酯混合均匀，平铺于托盘内，平铺厚度为 41 ~ 61 mm，采用剂量为 5.1 kGy ~ 8.1 kGy、能量为 11 meV ~ 21 meV 的 α 射线辐照 41 ~ 81 min，以及同等剂量的 β 射线辐照 51 ~ 111 min。

第3步：经第2步处理的混合粉末溶于聚甲基丙烯酸正丁酯中，加入反应釜，搅拌器转速为 81 ~ 151 r/min，温度为 71 ~ 161 ℃，启动真空泵使反应釜的真空度达到 -0.41 ~ -1.61 MPa，保持此状态反应 11 ~ 21 h；泄压并通入氮气，使反应釜内压力为 0.60 ~ 1.20 MPa，保温静置 11 ~ 21 h；搅拌器转速提升至 111 ~ 261 r/min，同时反应釜泄压至 0；依次加入邻氨基苯甲酸甲酯、对乙酰氨基 - 邻甲氧基苯甲酸甲酯完全溶解后，加入交联剂搅拌混合，使得反应釜溶液的亲水亲油平衡值为 4.1 ~ 9.1，保温静置 11 ~ 21 h。

第4步：在搅拌器转速为 101 ~ 221 r/min 时，依次加入 N-（对甲氧基苄基）邻氨基苯甲酸甲酯、环氧四氢邻苯二甲酸二辛酯、4- 联苯基 -6- 苯甲酸苯酯、氯甲酰基(4- 三氟甲氧苯基)氨基甲酸甲酯，提升反应釜压力，使其达到 0.30 ~ 1.40 MPa，温度为 111 ~ 231 ℃，聚合反应 11 ~ 31 h；反应完成后将反应釜内压力降至 0，降温至 21 ~ 41 ℃，出料，入压模机即可制得喷药剂调节架（2-7-1）。

6. 一种濒危植物连香树车载式诊断治疗设备的工作方法，其特征在于，该方法包括以下 3 个步骤。

第1步：将牵引汽车（1）开至指定地点，中央控制中心（4）启动双轴千斤顶（2-8），双轴千斤顶（2-8）的两个顶出杆分别将手柄架（2-7-1-1）向两侧顶出，手柄架（2-7-1-1）带动环形架（2-7-1-2）以转轴（2-7-2）中心线为轴心线向内侧做圆周运动；在此过程中，水平行程检测器（2-10）对喷药剂调节架（2-7-1）的运动情况进行实时监控，当水平行程检测器（2-10）检测到喷药剂调节架（2-7-1）将被检连香树（3）树干部位完全环绕住以后，水平行程检测器（2-10）向中央控制中心（4）发送反馈信号，中央控制中心（4）控制双轴千斤顶（2-8）停止运动。

第2步：中央控制中心（4）启动抽药剂泵（2-2）将药剂存放罐（2-1）中的药剂通过输药剂管（2-3）抽送至喷药剂头（2-7-3）中，喷药剂头（2-7-3）对被检连香树（3）树干外径进行喷药剂；与此同时，中央控制中心（4）启动高度行程检测器（2-9）对喷药剂调节架（2-7-1）的垂直运动情况进行实时监控，当高度行程检测器（2-9）检测到喷药剂调节架（2-7-1）的垂直运动距离达到预设标准值时，高度行程检测器（2-9）向中央控制中心（4）发送反馈信号，中央控制中心（4）控制高度行程检测器（2-9）停止运动，一次粉刷过程完成。

第3步：树干病虫伤探测仪（2-7-4）对树木的病灶部位进行实时探测，当树干病虫伤探测仪（2-7-4）扫描道树干某部位存在病虫害病灶时，树干病虫伤探测仪（2-7-4）向中央控制中心（4）发出电信号，中央控制中心（4）控制高度调节千斤顶（2-6）抬升喷药剂组件（2-7）；中央控制中心（4）控制双轴千斤顶（2-8），并促使双轴千斤顶（2-8）的两个顶出杆将手柄架（2-7-1-1）向两侧顶出，并控制手柄架（2-7-1-1）将树干环抱；中央控制中心（4）启动抽药剂泵（2-2）将药剂存放罐（2-1）中的药剂通过输药剂管（2-3）输送至喷药剂头（2-7-3）；中央控制中心（4）在树干病虫伤探测仪（2-7-4）的引导下，控制喷药剂头（2-7-3）瞄准树干病灶部位，进行针对性喷药处理。

说明书

一种濒危植物连香树车载式诊断治疗设备及其工作方法

技术领域

本发明属于树木保护装置领域，具体涉及一种濒危植物连香树车载式诊断治疗设备及其工作方法。

背景技术

连香树为连香树科连香树属。落叶乔木，高 10 ~ 40 m，胸径达 1 m；树皮灰色，纵裂，呈薄片剥落；小枝无毛，有长枝和矩状短枝，短枝在长枝上对生；无顶芽，侧芽卵圆形。主要生长在温带。该种为第三纪古热带植物的孑遗种单科植物，是较古老原始的木本植物，雌雄异株，结实较少，天然更新困难，资源稀少，已濒临灭绝状态，因此被列入《中国珍稀濒危植物名录》《中国植物红皮书》和第一批《国家重点保护野生植物名录》，是国家二级重点保护野生植物种。

连香树由于结实率低，幼苗易受暴雨、病虫等危害，故天然更新极困难，林下幼树极少。加之乱砍、乱伐森林，环境遭到严重破坏，致使连香树分布区逐渐缩小，日益萎缩，成片植株更为罕见。如不及时保护，连香树资源要陷入灭绝的境地。因此必须一方面就地保护，加强自然保护区管理；另一方面积极采取防病治病措施对连香树进行积极性保护。

春夏季节，需要对连香树涂抹药剂，即进行连香树除病害作业，有以下益处：① 连香树涂药剂后，可以有效防止病虫侵袭树体，也可杀死虫卵和部分病菌，减少病虫害发生，为以后的防治工作奠定基础；② 涂药剂还可预防牲畜啃树皮，破坏连香树正常生长等；③ 涂药剂也可防冻、防日灼，保护连香树正常的生长。现有的涂药剂方法一般采用毛刷蘸取涂药剂，再对树木进行涂药剂的手工的方法。

在现有技术条件下，连香树诊断治疗设备建设成本和运行成本的增加将成为必然，现有的传统工艺费时费力，涂药剂效率差，且因为涂药剂中含有有害成分，可能会对涂刷者的健康产生危害。

发明内容

为了解决上述技术问题，本发明提供一种濒危植物连香树车载式诊断治疗设备，包括：牵引汽车 1，诊断治疗设备 2，被检连香树 3，控制中心 4。其特征在于，所述牵引汽车 1 承载厢体上表面设有诊断治疗设备 2，所述诊断治疗设备 2 套设在被检连香树 3 树干外径，所述诊断治疗设备 2 一侧设有中央控制中心 4。

所述诊断治疗设备 2 可在牵引汽车 1 承载厢体上表面任意移动。

进一步的，所述诊断治疗设备 2 包括：药剂存放罐 2-1，抽药剂泵 2-2，输药剂管 2-3，圆盘底座 2-4，环形凹槽 2-5，高度调节千斤顶 2-6，喷药剂组件 2-7，双轴千斤顶 2-8，高度行程检测器 2-9，水平行程检测器 2-10；所述药剂存放罐 2-1 放置于牵引汽车 1 承载厢体上表面，药剂存放罐 2-1 外径底部连接有抽药剂泵 2-2，所述抽药剂泵 2-2 与中央控制中心 4 导线控制连接；所述输药剂管 2-3 上依次串接有电磁控制阀及流量计，电磁控制阀及流量计分别与中央控制中心 4 导线控制连接，输药剂管 2-3 一端与抽药剂泵 2-2 连接，输药剂管 2-3 另一端与喷药剂组件 2-7 两直边端面连接；所述喷药剂组件 2-7 两直边内壁设有双轴千斤顶 2-8，所述双轴千斤顶 2-8 与中央控制中心 4 导线控制连接；所述圆盘底座 2-4 固定在牵引汽车 1 承载厢体上表面，圆盘底座 2-4 上表面设有环形凹槽 2-5，所述环形凹槽 2-5 与圆盘底座 2-4 圆心线重合，环形凹槽 2-5 深 20 ~ 40 mm；所述高度调节千斤顶 2-6 设置在圆盘底座 2-4 上方，高度调节千斤顶 2-6 顶出杆一端与喷药剂组件 2-7 下表面焊接固定连接，高度调节千斤顶 2-6 下方端面与环形凹槽 2-5 滑动连接，高度调节千斤顶 2-6 与中央控制中心 4 导线控制连接；所述高度行程检测器 2-9 位于喷药剂组件 2-7 直边上表面，高度行程检测器 2-9 与中央控制中心 4 导线控制连接；所述水平行程检测器 2-10 位于喷药剂组件 2-7 直边内壁表面，水平行程检测器 2-10 与中央控制中心 4 导线控制连接。

进一步的，所述喷药剂组件 2-7 包括：喷药剂调节架 2-7-1，转轴 2-7-2，喷药剂头 2-7-3，树干病虫伤探测仪 2-7-4；所述喷药剂调节架 2-7-1 数量为 2 个，两喷药剂调节架 2-7-1 相对排列，两喷药剂调节架 2-7-1 外形为"圆嘴钳"状，两喷药剂调节架 2-7-1 通过转轴 2-7-2 转动连接，喷药剂调节架 2-7-1 内部设有通道，喷药剂调节架 2-7-1 环形边内侧设有喷药剂头 2-7-3，喷药剂头 2-7-3 与喷药剂调节架 2-7-1 内部设有的通道相贯通，喷药剂头 2-7-3 数量不少于 5 个，喷药剂头 2-7-3 以喷药剂调节架 2-7-1 环形边圆心线为轴线周向均匀排布；所述树干病虫伤探测仪 2-7-4 位于喷药剂调节架 2-7-1 中部，树干病虫伤探测仪 2-7-4 的数量 1 ~ 4 个，树干病虫伤探测仪 2-7-4 与中央控制中心 4 导线控制连接。

进一步的，所述喷药剂调节架 2-7-1 包括：手柄架 2-7-1-1，环形架 2-7-1-2，转轴孔 2-7-1-3；所述手柄架 2-7-1-1 为半"U"形，手柄架 2-7-1-1 与环形架 2-7-1-2 无缝焊接固定，所述环形架 2-7-1-2 为"C"形；所述转轴孔 2-7-1-3 位于手柄架 2-7-1-1 与环形架 2-7-1-2 的无缝焊接处，转轴孔 2-7-1-3 为通孔，转轴孔 2-7-1-3 直径为 10 ~ 20 mm。

进一步的，所述喷药剂调节架 2-7-1 由高分子材料压模成型而制得，喷药剂调节架 2-7-1 的组成成分和制造过程如下。

一、喷药剂调节架 2-7-1 组成成分

按重量份数计，反丁烯二酸乙烯丙烯 31 ~ 91 份，顺丁烯二酸乙基（甲基二乙氧基硅基）酯 21 ~ 71 份，顺丁烯二酸二丁基锡酯 51 ~ 91 份，顺丁烯 -1，4- 二醇双丁酸酯 131 ~ 261 份，醋酸羟丙基甲基纤维素顺丁烯二酸酯 111 ~ 271 份，丙烯酸羟乙酯基羟氯丙基顺丁烯二酸酯 31 ~ 101 份，质量分数为 21 ~ 61 mg/kg 的聚甲基丙烯酸正丁酯 71 ~ 111 份，邻氨基苯甲酸甲酯 61 ~ 121 份，对乙酰氨基 - 邻甲氧基苯甲酸甲酯 131 ~ 281 份，交联剂 21 ~ 101 份，N-（对甲氧基苄基）邻氨基苯甲酸甲酯 21 ~ 91 份，环氧四氢邻苯二甲酸二辛酯 31 ~ 131 份，4- 联苯基 -6-苯甲酸苯酯 51 ~ 101 份，氯甲酰基（4- 三氟甲氧苯基）氨基甲酸甲酯 131 ~ 241 份；

所述交联剂为 4- 三氟甲氧基苯基异氰酸酯、4- 溴 -1- 氯 -2-（三氟甲基）苯、5-[2- 氯 -4-（三氟甲基）苯氧基]-2- 硝基苯甲酸羧甲基酯中的任意一种。

二、喷药剂调节架 2-7-1 的制造过程

第 1 步：在反应釜中加入电导率为 1.1 ~ 2.1 μS/cm 的超纯水 351 ~ 1151 份，启动反应釜内搅拌器，转速为 101 ~ 211 r/min，启动加热泵，使反应釜内温度上升

至 31 ～ 51 ℃；依次加入反丁烯二酸乙烯丙烯、顺丁烯二酸乙基（甲基二乙氧基硅基）酯、顺丁烯二酸二丁基锡酯，搅拌至完全溶解，调节 pH 值为 3.1 ～ 9.1，将搅拌器转速调至 141 ～ 211 r/min，温度为 71 ～ 141 ℃，酯化反应 11 ～ 21 h。

第 2 步：取顺丁烯 –1，4– 二醇双丁酸酯、醋酸羟丙基甲基纤维素顺丁烯二酸酯进行粉碎，粉末粒径为 111 ～ 321 目；加入丙烯酸羟乙酯基羟氯丙基顺丁烯二酸酯混合均匀，平铺于托盘内，平铺厚度为 41 ～ 61 mm，采用剂量为 5.1 ～ 8.1 kGy、能量为 11 ～ 21 meV 的 α 射线辐照 41 ～ 81 min，以及同等剂量的 β 射线辐照 51 ～ 111 min。

第 3 步：经第 2 步处理的混合粉末溶于聚甲基丙烯酸正丁酯中，加入反应釜，搅拌器转速为 81 ～ 151 r/min，温度为 71 ～ 161℃，启动真空泵使反应釜的真空度达到 –0.41 ～ –1.61 MPa，保持此状态反应 11 ～ 21 h；泄压并通入氮气，使反应釜内压力为 0.60 ～ 1.20 MPa，保温静置 11 ～ 21 h；搅拌器转速提升至 111 ～ 261 r/min，同时反应釜泄压至 0；依次加入邻胺基苯甲酸甲酯、对乙酰氨基 – 邻甲氧基苯甲酸甲酯完全溶解后，加入交联剂搅拌混合，使得反应釜溶液的亲水亲油平衡值为 4.1 ～ 9.1，保温静置 11 ～ 21 h。

第 4 步：在搅拌器转速为 101 ～ 221 r/min 时，依次加入 N–（对甲氧基苄基）邻氨基苯甲酸甲酯、环氧四氢邻苯二甲酸二辛酯、4– 联苯基 –6– 苯甲酸苯酯、氯甲酰基（4– 三氟甲氧苯基）氨基甲酸甲酯，提升反应釜压力，使其达到 0.30 ～ 1.40MPa，温度为 111 ～ 231℃，聚合反应 11 ～ 31 h；反应完成后将反应釜内压力降至 0，降温至 21 ～ 41℃，出料，入压模机即可制得喷药剂调节架 2-7-1。

进一步的，本发明还公开了一种濒危植物连香树车载式诊断治疗设备的工作方法，该方法包括以下几个步骤。

第 1 步：将牵引汽车 1 开至指定地点，中央控制中心 4 启动双轴千斤顶 2-8，双轴千斤顶 2-8 的两个顶出杆分别将手柄架 2-7-1-1 向两侧顶出，手柄架 2-7-1-1 带动环形架 2-7-1-2 以转轴 2-7-2 中心线为轴心线向内侧做圆周运动；在此过程中，水平行程检测器 2-10 对喷药剂调节架 2-7-1 的运动情况进行实时监控，当水平行程检测器 2-10 检测到喷药剂调节架 2-7-1 将被检连香树 3 树干部位完全环绕住以后，水平行程检测器 2-10 向中央控制中心 4 发送反馈信号，中央控制中心 4 控制双轴千斤顶 2-8 停止运动。

第 2 步：中央控制中心 4 启动抽药剂泵 2-2 将药剂存放罐 2-1 中的药剂通过输药剂管 2-3 抽送至喷药剂头 2-7-3 中，喷药剂头 2-7-3 对被检连香树 3 树干外径进行喷药剂；与此同时，中央控制中心 4 启动高度行程检测器 2-9 对喷药剂调节架

2-7-1 的垂直运动情况进行实时监控，当高度行程检测器 2-9 检测到喷药剂调节架 2-7-1 的垂直运动距离达到预设标准值时，高度行程检测器 2-9 向中央控制中心 4 发送反馈信号，中央控制中心 4 控制高度行程检测器 2-9 停止运动，一次粉刷过程完成。

第 3 步：树干病虫伤探测仪 2-7-4 对树木的病灶部位进行实时探测，当树干病虫伤探测仪 2-7-4 扫描道树干某部位存在病虫害病灶时，树干病虫伤探测仪 2-7-4 向中央控制中心 4 发出电信号，中央控制中心 4 控制高度调节千斤顶 2-6 抬升喷药剂组件 2-7；中央控制中心 4 控制双轴千斤顶 2-8，并促使双轴千斤顶 2-8 的两个顶出杆将手柄架 2-7-1-1 向两侧顶出，并控制手柄架 2-7-1-1 将树干环抱；中央控制中心 4 启动抽药剂泵 2-2 将药剂存放罐 2-1 中的药剂通过输药剂管 2-3 输送至喷药剂头 2-7-3；中央控制中心 4 在树干病虫伤探测仪 2-7-4 的引导下，控制喷药剂头 2-7-3 瞄准树干病灶部位，进行针对性喷药处理。

本发明公开的一种濒危植物连香树车载式诊断治疗设备及其工作方法，其优点在于：

（1）该装置喷药剂组件结构设计合理，喷药剂效率更加高效；

（2）该装置结构设计合理紧凑，集成度高；

（3）该装置喷药剂调节架采用高分子材料制备，耐腐蚀性能更好。

本发明所述的一种濒危植物连香树车载式诊断治疗设备及其工作方法结构新颖合理，操控方便快捷，自动化程度高，诊断治疗效率高效，适用范围广阔。

图 1 至图 5 中，牵引汽车 1，诊断治疗设备 2，药剂存放罐 2-1，抽药剂泵 2-2，输药剂管 2-3，圆盘底座 2-4，环形凹槽 2-5，高度调节千斤顶 2-6，喷药剂组件 2-7，喷药剂调节架 2-7-1，手柄架 2-7-1-1，环形架 2-7-1-2，转轴孔 2-7-1-3，转轴 2-7-2，喷药剂头 2-7-3，树干病虫伤探测仪 2-7-4，双轴千斤顶 2-8，高度行程检测器 2-9，水平行程检测器 2-10，被检连香树 3，中央控制中心 4。

附图说明见图 1、图 2。

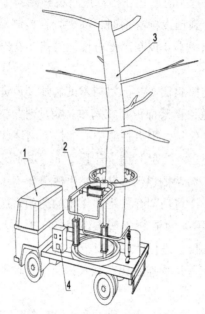

图 1　本发明中所述的一种濒危植物连香树车载式诊断治疗设备示意图

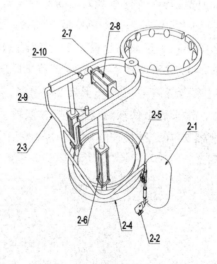

图 2　本发明中所述的诊断治疗设备结构示意图

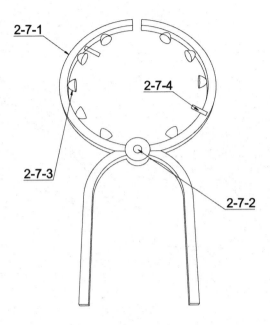

图3　本发明中所述的喷药剂组件结构示意图

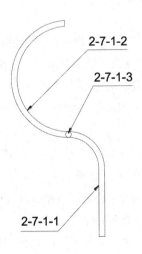

图4　本发明中所述的手柄架结构示意图

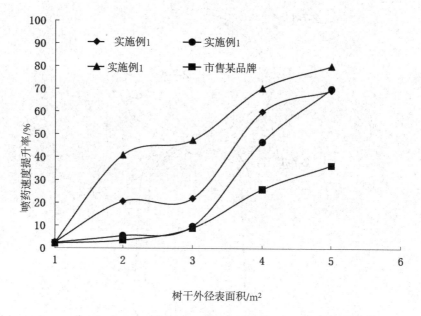

图5 本发明中所述的喷药剂调节架材料与喷药速度提升率关系图

具体实施方式

下面结合图1至图5和实施例对本发明提供的一种濒危植物连香树车载式诊断治疗设备进行进一步说明。

如图1所示，是本发明提供的一种濒危植物连香树车载式诊断治疗设备的示意图。从图中可以看出，该设备包括：牵引汽车1，诊断治疗设备2，被检连香树3，控制中心4。其特征在于，所述牵引汽车1承载厢体上表面设有诊断治疗设备2，所述诊断治疗设备2套设在被检连香树3树干外径，所述诊断治疗设备2一侧设有中央控制中心4。

所述诊断治疗设备2可在牵引汽车1承载厢体上表面任意移动。

如图2所示，是本发明中所述的诊断治疗设备结构示意图。从图1或图2中可以看出，所述诊断治疗设备2包括：药剂存放罐2-1，抽药剂泵2-2，输药剂管2-3，圆盘底座2-4，环形凹槽2-5，高度调节千斤顶2-6，喷药剂组件2-7，双轴千斤顶2-8，高度行程检测器2-9，水平行程检测器2-10；所述药剂存放罐2-1放置于牵引汽车1承载厢体上表面，药剂存放罐2-1外径底部连接有抽药剂泵2-2，所述抽药剂泵2-2与中央控制中心4导线控制连接；所述输药剂管2-3上依次串接有电磁控制阀及流量计，电磁控制阀及流量计分别与中央控制中心 4 导线控制连接，输药剂管 2-3 一端与抽药剂泵 2-2 连接，输药剂管 2-3 另一端与喷药剂组件 2-7 两直边端面连接；所述喷药剂组件 2-7 两直边内壁设有双轴千斤顶 2-8，所述双轴千斤顶 2-8 与中央控制中心 4 导线控制连接；所述圆盘底座 2-4 固定在牵引汽车 1 承载厢体上表面，圆盘底座 2-4 上表面设有环形凹槽 2-5，所述环形凹槽 2-5 与圆盘底座 2-4 圆心线重合，环形凹槽 2-5 深 20 ~ 40 mm；所述高度调节千斤顶 2-6 设置在圆盘底座 2-4 上方，高度调节千斤顶 2-6 顶出杆一端与喷药剂组件 2-7 下表面焊接固定连接，高度调节千斤顶 2-6 下方端面与环形凹槽 2-5 滑动连接，高度调节千斤顶 2-6 与中央控制中心 4 导线控制连接；所述高度行程检测器 2-9 位于喷药剂组件 2-7 直边上表面，高度行程检测器 2-9 与中央控制中心 4 导线控制连接；所述水平行程检测器 2-10 位于喷药剂组件 2-7 直边内壁表面，水平行程检测器 2-10 与中央控制中心 4 导线控制连接。

图 3 是本发明中所述的喷药剂组件结构示意图。从图 1 或图 3 中看出，所述喷药剂组件 2-7 包括：喷药剂调节架 2-7-1，转轴 2-7-2，喷药剂头 2-7-3，树干病虫伤探测仪 2-7-4；所述喷药剂调节架 2-7-1 数量为 2 个，两喷药剂调节架 2-7-1 相对排列，两喷药剂调节架 2-7-1 外形为"圆嘴钳"状，两喷药剂调节架 2-7-1 通过转轴 2-7-2 转动连接，喷药剂调节架 2-7-1 内部设有通道，喷药剂调节架 2-7-1 环形边内侧设有喷药剂头 2-7-3，喷药剂头 2-7-3 与喷药剂调节架 2-7-1 内部设有的通道相贯通，喷药剂头 2-7-3 数量不少于 5 个，喷药剂头 2-7-3 以喷药剂调节架 2-7-1 环形边圆心线为轴线周向均匀排布；所述树干病虫伤探测仪 2-7-4 位于喷药剂调节架 2-7-1 中部，树干病虫伤探测仪 2-7-4 的数量 1 ~ 4 个，树干病虫伤探测仪 2-7-4 与中央控制中心 4 导线控制连接。

图 4 是本发明中所述的手柄架结构示意图。从中可以看出，所述喷药剂调节架 2-7-1 包括：手柄架 2-7-1-1，环形架 2-7-1-2，转轴孔 2-7-1-3；所述手柄架 2-7-1-1 为半"U"形，手柄架 2-7-1-1 与环形架 2-7-1-2 无缝焊接固定，所述环形架 2-7-1-2 为半"环"形；所述转轴孔 2-7-1-3 位于手柄架 2-7-1-1 与环形架 2-7-1-2 的无缝焊接处，转轴孔 2-7-1-3 为通孔，转轴孔 2-7-1-3 直径为 10 ~ 20 mm。

本发明所述的一种濒危植物连香树车载式诊断治疗设备的工作过程为以下 3 步。

第 1 步：将牵引汽车 1 开至指定地点，中央控制中心 4 启动双轴千斤顶 2-8，双轴千斤顶 2-8 的两个顶出杆分别将手柄架 2-7-1-1 向两侧顶出，手柄架 2-7-1-1 带动环形架 2-7-1-2 以转轴 2-7-2 中心线为轴心线向内侧做圆周运动；在此过程中，水平行程检测器 2-10 对喷药剂调节架 2-7-1 的运动情况进行实时监控，当水平行程检测器 2-10 检测到喷药剂调节架 2-7-1 将被检连香树 3 树干部位完全环绕住以后，水平行程检测器 2-10 向中央控制中心 4 发送反馈信号，中央控制中心 4 控制双轴千斤顶 2-8 停止运动。

第 2 步：中央控制中心 4 启动抽药剂泵 2-2 将药剂存放罐 2-1 中的药剂通过输药剂管 2-3 抽送至喷药剂头 2-7-3 中，喷药剂头 2-7-3 对被检连香树 3 树干外径进行喷药剂；与此同时，中央控制中心 4 启动高度行程检测器 2-9 对喷药剂调节架 2-7-1 的垂直运动情况进行实时监控，当高度行程检测器 2-9 检测到喷药剂调节架 2-7-1 的垂直运动距离达到预设标准值时，高度行程检测器 2-9 向中央控制中心 4 发送反馈信号，中央控制中心 4 控制高度行程检测器 2-9 停止运动，一次粉刷过程完成。

第 3 步：树干病虫伤探测仪 2-7-4 对树木的病灶部位进行实时探测，当树干病虫伤探测仪 2-7-4 扫描道树干某部位存在病虫害病灶时，树干病虫伤探测仪 2-7-4 向中央控制中心 4 发出电信号，中央控制中心 4 控制高度调节千斤顶 2-6 抬升喷药剂组件 2-7；中央控制中心 4 控制双轴千斤顶 2-8，并促使双轴千斤顶 2-8 的两个顶出杆将手柄架 2-7-1-1 向两侧顶出，并控制手柄架 2-7-1-1 将树干环抱；中央控制中心 4 启动抽药剂泵 2-2 将药剂存放罐 2-1 中的药剂通过输药剂管 2-3 输送至喷药剂头 2-7-3；中央控制中心 4 在树干病虫伤探测仪 2-7-4 的引导下，控制喷药剂头 2-7-3 瞄准树干病灶部位，进行针对性喷药处理。

本发明所述的一种濒危植物连香树车载式诊断治疗设备及其工作方法结构新颖合理，操控方便快捷，自动化程度高，诊断治疗效率高效，适用范围广阔。

以下是本发明所述喷药剂调节架 2-7-1 的制造过程的实施例，实施例是为了进一步说明本发明的内容，但不应理解为对本发明的限制。在不背离本发明精神和实质的情况下，对本发明方法、步骤或条件所做的修改和替换，均属于本发明的范围。

若未特别指明，实施例中所用的技术手段为本领域技术人员所熟知的常规手段。

实施例 1

按照以下步骤制造本发明所述喷药剂调节架 2-7-1，并按重量分数计。

第 1 步：在反应釜中加入电导率为 1.1 μS/cm 的超纯水 351 份，启动反应釜内搅拌器，转速为 101 r/min，启动加热泵，使反应釜内温度上升至 31℃；依次加入反丁烯二酸乙烯丙烯 31 份、顺丁烯二酸乙基（甲基二乙氧基硅基）酯 21 份、顺丁烯二酸二丁基锡酯 51 份，搅拌至完全溶解，调节 pH 值为 3.1，将搅拌器转速调至 141 r/min，温度为 71℃，酯化反应 11 h。

第 2 步：取顺丁烯 –1，4– 二醇双丁酸酯 131 份、醋酸羟丙基甲基纤维素顺丁烯二酸酯 111 份进行粉碎，粉末粒径为 111 目；加入丙烯酸羟乙酯基羟氯丙基顺丁烯二酸酯 31 份混合均匀，平铺于托盘内，平铺厚度为 41 mm，采用剂量 5.1 kGy、能量为 11 meV 的 α 射线辐照 41 min，以及同等剂量的 β 射线辐照 51 min。

第 3 步：经第 2 步处理的混合粉末溶于质量分数为 21 mg/kg 的聚甲基丙烯酸正丁酯 71 份中，加入反应釜，搅拌器转速为 81 r/min，温度为 71℃，启动真空泵使反应釜的真空度达到 –0.41 MPa，保持此状态反应 11 h；泄压并通入氮气，使反应釜内压力为 0.60 MPa，保温静置 11 h；搅拌器转速提升至 111 r/min，同时反应釜泄压至 0；依次加入邻胺基苯甲酸甲酯 61 份、对乙酰氨基 – 邻甲氧基苯甲酸甲酯 131 份完全溶解后，加入交联剂 21 份搅拌混合，使得反应釜溶液的亲水亲油平衡值为 4.1，保温静置 11 h。

第 4 步：在搅拌器转速为 101 r/min 时，依次加入 N–（对甲氧基苄基）邻氨基苯甲酸甲酯 21 份、环氧四氢邻苯二甲酸二辛酯 31 份、4– 联苯基 –6– 苯甲酸苯酯 51 份、氯甲酰基（4– 三氟甲氧苯基）氨基甲酸甲酯 131 份，提升反应釜压力，使其达到 0.30 MPa，温度为 111℃，聚合反应 11 h；反应完成后将反应釜内压力降至 0，降温至 21℃，出料，入压模机即可制得喷药剂调节架 2–7–1。

所述交联剂为 4– 三氟甲氧基苯基异氰酸酯。

实施例 2

按照以下步骤制造本发明所述喷药剂调节架 2–7–1，并按重量分数计：

第 1 步：在反应釜中加入电导率为 2.1 μS/cm 的超纯水 1 151 份，启动反应釜内搅拌器，转速为 211 r/min，启动加热泵，使反应釜内温度上升至 51℃；依次加入反丁烯二酸乙烯丙烯 91 份、顺丁烯二酸乙基（甲基二乙氧基硅基）酯 71 份、顺丁烯二酸二丁基锡酯 91 份，搅拌至完全溶解，调节 pH 值为 9.1，将搅拌器转速调至 211 r/min，温度为 141℃，酯化反应 21 h。

第 2 步：取顺丁烯 –1，4– 二醇双丁酸酯 261 份、醋酸羟丙基甲基纤维素顺丁烯二酸酯 271 份进行粉碎，粉末粒径为 321 目；加入丙烯酸羟乙酯基羟氯丙基顺丁烯二酸酯 101 份混合均匀，平铺于托盘内，平铺厚度为 61 mm，采用剂量为 8.1 kGy、能量为 21 meV 的 α 射线辐照 81 min，以及同等剂量的 β 射线辐照 111 min。

第 3 步：经第 2 步处理的混合粉末溶于质量分数为 61 mg/kg 的聚甲基丙烯酸正丁酯 111 份中，加入反应釜，搅拌器转速为 151 r/min，温度为 161 ℃，启动真空泵使反应釜的真空度达到 -1.61 MPa，保持此状态反应 21 h；泄压并通入氮气，使反应釜内压力为 1.20 MPa，保温静置 21 h；搅拌器转速提升至 261 r/min，同时反应釜泄压至 0；依次加入邻氨基苯甲酸甲酯 121 份、对乙酰氨基 - 邻甲氧基苯甲酸甲酯 281 份完全溶解后，加入交联剂 101 份搅拌混合，使得反应釜溶液的亲水亲油平衡值为 9.1，保温静置 21 h。

第 4 步：在搅拌器转速为 221 r/min 时，依次加入 N-（对甲氧基苄基）邻氨基苯甲酸甲酯 91 份、环氧四氢邻苯二甲酸二辛酯 131 份、4- 联苯基 -6- 苯甲酸苯酯 101 份、氯甲酰基（4- 三氟甲氧苯基）氨基甲酸甲酯 241 份，提升反应釜压力，使其达到 1.40 MPa，温度为 231 ℃，聚合反应 31 h；反应完成后将反应釜内压力降至 0，降温至 41 ℃，出料，入压模机即可制得喷药剂调节架 2-7-1。

所述交联剂为 5-[2- 氯 -4-（三氟甲基）苯氧基]-2- 硝基苯甲酸羧甲基酯。

实施例 3

按照以下步骤制造本发明所述喷药剂调节架 2-7-1，并按重量分数计。

第 1 步：在反应釜中加入电导率为 1.5 μS/cm 的超纯水 950 份，启动反应釜内搅拌器，转速为 171 r/min，启动加热泵，使反应釜内温度上升至 41 ℃；依次加入反丁烯二酸乙烯丙烯 61 份、顺丁烯二酸乙基（甲基二乙氧基硅基）酯 41 份、顺丁烯二酸二丁基锡酯 61 份，搅拌至完全溶解，调节 pH 值为 5.1，将搅拌器转速调至 181 r/min，温度为 111 ℃，酯化反应 16 h。

第 2 步：取顺丁烯 -1，4- 二醇双丁酸酯 161 份、醋酸羟丙基甲基纤维素顺丁烯二酸酯 171 份进行粉碎，粉末粒径为 221 目；加入丙烯酸羟乙酯基羟氯丙基顺丁烯二酸酯 81 份混合均匀，平铺于托盘内，平铺厚度为 51 mm，采用剂量为 6.1 kGy、能量为 14 meV 的 α 射线辐照 61 min，以及同等剂量的 β 射线辐照 91 min。

第 3 步：经第 2 步处理的混合粉末溶于质量分数为 41 mg/kg 的聚甲基丙烯酸正丁酯 91 份中，加入反应釜，搅拌器转速为 121 r/min，温度为 111 ℃，启动真空泵使反应釜的真空度达到 -1.21 MPa，保持此状态反应 14 小时；泄压并通入氮气，使反应釜内压力为 1.10 MPa，保温静置 16 h；搅拌器转速提升至 161 r/min，同时反应釜泄压至 0；依次加入邻氨基苯甲酸甲酯 101 份、对乙酰氨基 - 邻甲氧基苯甲酸甲酯 181 份完全溶解后，加入交联剂 81 份搅拌混合，使得反应釜溶液的亲水亲油平衡值为 6.1，保温静置 14 h。

第 4 步：在搅拌器转速为 180 r/min 时，依次加入 N–（对甲氧基苄基）邻氨基苯甲酸甲酯 61 份、环氧四氢邻苯二甲酸二辛酯 91 份、4–联苯基 –6– 苯甲酸苯酯 71 份、氯甲酰基（4– 三氟甲氧苯基）氨基甲酸甲酯 161 份，提升反应釜压力，使其达到 1.10 MPa，温度为 151℃，聚合反应 21 h；反应完成后将反应釜内压力降至 0 MPa，降温至 31℃，出料，入压模机即可制得喷药剂调节架 2–7–1。

所述交联剂为 4– 溴 –1– 氯 –2–（三氟甲基）苯。

对照例

对照例为市售某品牌的喷药剂调节架用于濒危植物连香树的诊断治疗过程的使用情况。

实施例 4

将实施例 1 至实施例 3 制备获得的喷药剂调节架 2–7–1 和对照例所述的喷药剂调节架用于濒危植物连香树的诊断治疗过程的使用情况进行对比。实验过程分别对濒危植物连香树的诊断治疗产生的各项参数进行分析检测，结果如表 5 所示。

表 5　实施例 1 至实施例 3 和对照例所述的喷药剂调节架用于
濒危植物连香树诊断治疗过程中各项参数的对比

%

项　　目	弹性提升率	强度提升率	耐腐蚀度提升率	喷药速度提升率
实例 1	97.35	96.38	25.22	96.79
实例 2	89.51	88.63	32.18	91.11
实例 3	98.05	98.06	39.78	97.76
对廉例	48.95	48.46	19.14	52.59

表 5 为实施例 1 至实施例 3 和对照例所述的喷药剂调节架用于濒危植物连香树的诊断治疗过程的各项参数的对比结果，从中可见，本发明所述的喷药剂调节架 2–7–1，其弹性提升率、强度提升率、耐腐蚀度提升率、喷药速度提升率均高于现有技术生产的产品。

此外，图 6 是本发明所述的喷药剂调节架 2–7–1 材料与喷药速度提升率关系图，由高分子材料制造的喷药剂调节架 2-7-1 材质分布均匀,弹性、强度及耐腐蚀性较对照例所述的喷药剂调节值均高;使用本发明所述喷药剂调节架 2-7-1,其喷药速度提升率均优于现有产品。

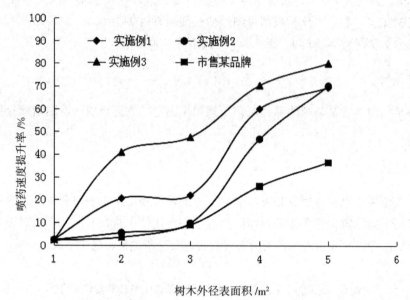

图 6　喷药剂调节架 2-7-1 材料与喷药速度提升率关系图

参考文献

[1] 路安民, 李建强, 陈之端. "低等"金缕梅类植物的起源和散布 [J]. 植物分类学报, 1993, 31(6):489–504.

[2] 王东, 高淑贞. 中国连香树科的系统研究 II. 次生木质部的显微和超微结构 [J]. 西北植物学报, 1991, 11(4): 287–290.

[3] 倴宇星, 汪小全, 潘开玉, 洪德元. rbcL 基因序列分析对连香树科和交让木科系统位置的重新评价 – 兼论低等金缕梅类的关系 [J]. 植物分类学报, 1998, 36 (5): 411–422.

[4] Bob Gibbons. Trees of Britain and Europe[M]. London: Chancer press, 1995.

[5] 孙鑫. 农业化学 [M], 上海：上海出版社, 1980.

[6] Althur MA, Fahey J J. Biomass and nutrients in an Engelmann spruces subalpine Fir forest in north central Coplorado: pool, annual production, and internal cycling[J]. Can J For Res, 1992, 22: 315–325.

[7] Davis G L. Systematic Embryology of Angiosperms[M]. New York: John Wiley & Sons, 1996.

[8] Erdtman G. Pollen morphology and Plant Taxonomy Angiosperms[M]. New York: Hafner Publishing Co., 1996.

[9] Metcalfe C G, Chalk L.. Anatomy of the Dicotyledons[M]. Oxford: Oxford University Press, 1957.

[10] Swamy B G L, Bailey L W. Themorphology and Relationships of Cercidiphyllum[J]. J Arnold Arb, 1949, 30: 187–210.

[11] 章群, 聂湘平, 施苏华, 等. 连香树科及其近缘植物 matK 序列分析和系统学意义 [J]. 生态科学, 2003, 22(2):113–115.

[12] 王东, 高淑贞. 中国连香树科的系统研究：叶的宏观结构及叶柄维管束变化 [J]. 西北植物学报, 1990, 10(1): 37–41.

[13] Cronquist A. The Evolution and Classification of Flowering Plants[M]. 2nd ed. New York: The New York Botanical Garden, 1988.

[14] Thorne. An updated phylogenetic classification of the flowering plants[J]. Aliso, 1992, 13(2): 365–389.

[15] Takhtajan A. Systema magnoliphytornm(in Russian) [M]. Leningrad press, 1987.

[16] 路安民, 李建强, 徐克学. 金缕梅类科的系统发育分析 [J]. 植物分类学报, 1991, 29(6): 481–493.

[17] Hufford L D, Grane R P. A preliminary phylogenetic analysis of the 'lower' hamamelidae in crane p.r and black more s(eds): evolution, systematics and fossil history of the hamaelidae, vol.l: introduction and 'lower' hamamelidae[M]. Clarendo Press, Oxford: 1989..

[18] Endress J. Aspects of evolutionary differentiation of the hamamelidaceae and the lower hamamedidaceae[J]. PL. Syat. Evol., 1989, 162:193–211.

[19] manchester S R. Biogeographical relationships of North American Tertiary Floras[J]. Ann missouri, Bot Gard, 1999, 86: 472–522.

[20] Crane P B. A Reevaluation of Cercidiphyllum–like Plant Fossils from the British early Tertiary[J]. Bot, J Linn Soc, 1984, 83: 103–136.

[21] Crane P B, Stockey R. A. morphology and development of pistillate inflorescences in extant and fossil Cercidiphyllaceae[J]. Ann missouri Bot Gard, 1985, 73: 382–399.

[22] Crane P B, Stockey R. Growth and reproductive biology of Joffrea speirsii genet sp. Canada Journal of Botany, a Cercidiphyllum–like plan from the Late Paleocene of Alberta, Canada[J]. Canada journal of botany, 1985d, 63: 340–364.

[23] Tanai T. Tertiary vegetational history of East Asia[J]. Bul1 mizunami Fossil mus., 1992, 19: 125–163.

[24] Jahnichen H, mai d H, Walther H. Blatter und Fruchte von Cercidiphyllum Siebold and Zucearini immitteleuropaischen[J]. Schriftenreihe Geol Wiss Berlin, 1980, 12: 69–80.

[25] Brown R W. Paleocene floras of the Rocky mountains and Great Plains[J]. Profess Pap U S Geol Surv, 1962, 375: 1–119.

[26] 郭双兴, 孙喆华, 李浩敏, 等. 新疆阿尔泰古新世植物群 [J]. 中国科学院南京地质古生物所丛刊, 1984(8): 119–146.

[27] Crane P B. Phylogenetic analysis of seed plants and the origin of angiosperms[J]. Annual Missoiri botany Garden, 1985, 72: 716–793.

[28] meyer H W, manchester S R. The Oligocene Bridge Creek flora of the John day Formation, Oregon[J]. University of California Publications in Geological Science, 1997, 141: 1–195.

[29] Kovar–Eder J, meller B, Zetter R. Cercidiphyllum crenatum(Unger) R W Brown in der Kohlenfuhrenden Abfolge von Oberdorf N Voitsber, Steiermark[J]. miu Ref Geol Palantol Landeunus Joanneum, 1998, SH2: 239–264.

[30] Chelebaeva A I. miocene flora of eastern Kamchatka. Akad. Nank SSSR, Trudy Enam. Inst Volcannol Miocene flora [M]. 1978.

[31] 周浙昆，Arata momohara. 一些东亚特有种子植物的化石历史及其植物地理学意义 [J]. 云南植物研究，2005, 27(5): 449–470.

[32] Jarzen D M. Some maestrichtian palynomorphs and their phygeographical and paleoecological implications[J]. Palynology，1978, 2:29–38.

[33] 中国科学院植物研究所，南京地质古生物所. 中国新生代植物 [M]. 北京：科学出版社，1978.

[34] Crane P R. Paleobotanical evidence on the early radiation of nonmagnoliid dicotyledons[J]. PL. EVOL. 1989, 162:165–191.

[35] 同号文. 有关物种概念与划分中的一些问题 [J]. 古生物学报，1995, 34(6):761–776.

[36] 徐炳声. 中国植物分类学中的物种问题 [J]. 植物分类学报，1998, 36(5): 470–480.

[37] 杨继，汪劲武. 酸模叶蓼性状变异式样的统计分析及分类处理[J]. 植物分类学报，1991, 29(3): 258–263.

[38] 蔡礼顺，李杰，朱自学. 5 种蔷薇科植物叶表皮特征的扫描电镜观察 [J]. 安徽农业科学，2012, 40(10): 5842–5908.

[39] 陈进燎，兰思仁，吴沙沙，等. 6 种野牡丹属植物叶片表面特征及其分类学意义研究 [J]. 福建林学院学报，2013, 33(2) :106–112.

[40] 李一帆，江莎，古松，等. 内蒙古地区锦鸡儿属三种植物叶表皮微形态比较研究 [J]. 植物研究，2008, 28(6): 668–678.

[41] 刘后鑫，魏学智，杨瑞林. 桫椤科 2 属 6 种植物叶表皮微形态特征及其分类学意义 [J]. 热带作物学报，2015, 36(10): 1808–1813.

[42] 黎明，段增强，李莲枝，等. 连香树营养器官的解剖学研究 [J]. 河南农业大学学报，2005, 39(2):178–181.

[43] 王东, 高淑贞. 中国连香树科的系统研究: Ⅱ. 次生木质部的显微和超微结构 [J]. 西北植物学报, 1991, 11(4): 287–290.

[44] Takhtajan, A. Outline of the classification of flowering plants (Magnoliophyta) [J]. Bot. Rev, 1980, 46:225–359.

[45] 张健, 闻志彬, 张明理. 中国木蓼属植物叶表皮微形态特征及其分类学意义 [J]. 植物资源与环境学报, 2013, 22(2): 8–17.

[46] Johonson H B. Plant pubescence, An ecological perspective[J]. Bot. Rev., 1975, 41: 233–258.

[47] Stuessy T F. Plant taxomony. The systematic evolution of comparative data[M]. New York: Columbia University Press, 1990.

[48] Jones T H. Evolution of the Fagaceae: the implications of foliar features[J]. Ann missouri Bat. Gard, 1986, 73: 228–275.

[49] Stace C A. The significance of the leaf epidemis in the taxomony of the Combretaceae. Ⅱ. The genus Subgenus Combretum in Africa[J]. Bot. J. Linn Soci, 1996, 62: 131–168.

[50] 徐淑红, 邢怡, 于丽杰. 黑龙江省十字花科植物叶表皮毛状体扫描电镜观察 [J]. 哈尔滨师范大学自然科学学报, 2002, 18(2): 91–95.

[51] Benzing, d H, Seemann J, Renfrow A. The foliar epidermis in *Tillandsioides* (Bromeliaceae) and its role in habitat selection[J]. Ameri J Bot, 1978, 65: 359–365.

[52] 郑万钧. 中国树木志 [M]. 北京: 中国林业出版社, 1983.

[53] 江西植物志编辑委员会. 江西植物志 [M]. 南昌: 江西科学技术出版社, 2004.

[54] 安徽植物志协作组. 安徽植物志 [M]. 合肥: 安徽科学技术出版社, 1987.

[55] 路安民. 被子植物系统学的方法论 [J]. 植物学通报, 1985, 3(3): 21–28.

[56] 税玉民, 李启任, 黄素华. 云南秋海棠属叶表皮及毛被的扫描电镜观察 [J]. 云南植物研究, 1999, 21(3): 309–316.

[57] Mayr E.The origin and history of the bird fauna of Polynesia[J]. Proc. of the Sixth Pac. Sic. Congr., 1940, 4(1941): 197–216.

[58] Mayr E. Controversies on retrospect. pp. 1–34, in: Futuyama d. J. and Antonovics J, (eds), Oxford surveys in evolutionary biology 8[M]. Oxford: Oxford University Press, 1992.

[59] Mayr E. Systematics and the origin of species[M]. New York: Columbia Univ. Press, 1942.

[60] Davis P H, V H Heywood. Principles of Angiosperm Taxonomy[M]. London: Oliver & Boyd, 1963.

[61] Camp W H, C L Gilly. The structure and origin of species[J]. Brittonia, 1943, 4: 323-385.

[62] 洪德元. Biosystematics, 它的内含和中文翻译问题 [J]. 植物分类学报, 2000, 38(5): 490-496.

[63] 陈世骧. 进化论与分类学 [M]. 2 版. 北京: 科学出版社, 1987.

[64] Nooteboom H P. A point of view on the species concept[J]. Taxon, 1992, 41: 318-320.

[65] 同号文. 物种形成方式及成种理论述评 [J]. 古生物学报, 1997, 36(3): 387-400.

[66] Minelli A.. Biological systematics[M]. London: Chapman and Hall, 1993.

[67] Endler J A. Geographic variation, speciation, and clines[M]. Princeton: Princeton University Press, 1977.

[68] Wright S.. Character change, speciation, and the higher taxa[J]. Evolution, 1982, 6(3): 427-443.

[69] 王煜, 刘胜祥. 湖北省连香树自然种群分布研究 [J]. 华中师范大学学报 (自然科学版), 2002, 36(1): 93-95.

[70] 刘胜祥, 黎维平, 杨福生, 等. 神农架国家级自然保护区连香树资源现状及其保护 [J]. 植物资源与环境, 1999, 8(1): 33-37.

[71] Schmalhausen I. I.. Factors of evolution: the theory of stabilizing selection[M]. Chicago: University of Chicago Press, 1949.

[72] Pigliucci M. Onto genetic phenotypic plasticity during the reproductive phase in *Arabidopsis thaliana* (Brassicaceae)[J]. Am. J. Bot., 1997, 84: 887－895.

[73] Bradshaw A D. Evolutionary significance of phenotypic plasticity in plants[J]. Advances in Genetics, 1965, 13: 115-155.

[74] Schlichting C D. The evolution of phenotypic plasticity in plants[J]. Annu. Rev. Ecol. Syst., 1986, 17: 667-693.

[75] Sultan S E. Evolutionary Implications of Phenotypic Plasticity in Plants[J]. Evol. Biol., 1987, 21: 127-178.

[76] Cornelia L, Franz R.. Phenotypic plasticity in *Calamagrostis epigejos* (Poaceae): response capacities of genotypes from different populations of contrasting habitats to a range of soil fertility[J]. Acta Oecologica, 2005, 28(2): 127-140.

[77] Schlichting C D. Pigliucci M. Phenotypic Evolution: a Reaction Norm Perspective[M]. Massachusetts: Sinauer Press, 1998.

[78] Thompson J D, McNeilly T, Gray A J Population variation in Spartina anglica C. E.Hubbard. 1. Evidence from a common garden experiment[J]. New Phytologist, 1991a, 117: 115-128.

[79] Thompson J D, McNeilly T, Gray A J. Population variation in Spartina anglica C. E. Hubbard. 2. Reciprocal transplants among three successional populations[J]. New Phytologist, 1991b, 117: 129-139.

[80] Thompson J D, mcNeilly T., Gray A. J. Population variation in Spartina anglica C. E. Hubbard. 3. Response to substrate variation in a glasshouse experiment[J]. New Phytologist, 1991c, 117: 141-152.

[81] Stebbins G L. Variation and Evolution in Plant[M]. New York: Columbia University Press, 1950.

[82] davis P H, Heywood V H.. Principles of Angiosperm Taxonomy[M]. Edinburgh and London: Oliver & Boyd, 1963.

[83] davis G L. Systematic Embryology of Angiosperms[M]. New York: John Wiley & Sons, 1996.

[84] Ge S, Hong D Y. Genetic diversity and its detection. In: Principles and methodologies of Biodiversity Studies (eds Qian Y Q., ma K P)[M]. Beijing: Chinese Science and Technology Press(in Chinese), 1994.

[85] Harper J L, Turkington R.. The growth, distribution and neighbour relationships of Trifolium repens in a permanent pasture. IV. Fine scale biotic differentiation[J]. Journal of Ecology, 1979, 67: 245-254.

[86] Grant M C, Linhart Y. Evolutionary significance of local genetic differentiation in plants[J]. Annual Review of Ecology and Systematics, 1996, 27, 237-277.

[87] Turesson G. The genotypical response of the plant species to the habitat[J]. Hereditas, 1922, 3: 211-350.

[88] Ford E B. Problems in the evolution of geographic races. In: Evolution as a Process (eds Huxley JS, Hardey AC, Ford EB)[M]. London: George Allen and Unwin. Ltd., 1954.

[89] Endler J A. Geographic variation, speciation, and clines[M]. Princeton, N. J.: Princeton University Press, 1977.

[90] Endler J. A. Natural Selection in the Wild[M]. Princeton: Princeton University Press, 1986.

[91] Linhart Y, Grant C. Evolutionary significance of local genetic differentiation in plants[J]. Annual Review of Ecology and Systematics, 1996, 27, 237–277.

[92] Dong M, De K H. Plasticity in morphology and biomass allocation in *Cynodon dactvlon*: a grass species forming stolons and rhizomes[J]. Oikos, 1994, 70: 99–106.

[93] dewitt T J, Andrew S, david S W. Costs and limits of phenotypic plasticity[J]. Tree, 1998, 13: 77–81.

[94] 罗学刚, 董鸣. 蛇莓克隆构型对光照强度的可塑性反应 [J]. 生态学报, 2001, 25: 494–497.

[95] Pigliucci M. Phenotypic Plasticity: Beyond Nature and Nurture[M]. M Baltimore London: The Johns Hopkings University Press, 2001.

[96] Sultan S. E. Phenotypic plasticity and plant adaptation[J]. Acta Botanica Neerlandica, 1995, 44: 363–383.

[97] Colema J S, Connaughay K d, Ackerly d d.. Interpreting phenotypic variation in plants[J]. Trends in Ecology & Evolution, 1994, 9(5): 187–191.

[98] 钟章成, 曾波. 植物种群生态研究进展 [J]. 西南师范大学学报 (自然科学版), 2001, 26(2): 230–236.

[99] Cheplick G P. Genetic variation and plasticity of clonal growth in relation to nutrient availability in Amphibromus Scabromus Scabrivalris[J]. J Eco, 1995, 83(3):459–64.

[100] Evans J P. A Spatially explicit lest of foraging behaviour in a clonal plant[J]. J Eco, 1995, 76(4): 1147–1155.

[101] Brochmann C, Soltis P S.. Recurrent formation and polyphly of Nordic polyploids in draba(Brassicaceae)[J]. Amer. J. Bot, 1992, 79(6): 673–688.

[102] 阎爱民, 陈文新. 苜蓿、草木樨、锦鸡儿根瘤菌的表型多样性分析 [J]. 生物多样性, 1999, 7(2): 1–8.

[103] Scheiner S. M. Genetics and evolution of phenotypic plasticity[J]. Annual Review of Ecology and Systemacics, 1993, 24: 35–68.

[104] Wang W K, Zhou C L, dai S L. Flower morphological variations of dendrathema vestitum[J]. Journal of Beijing Forestry University, 1999, 21(3), 92–95.

[105] 杨继, 汪劲武. 酸模叶蓼性状变异式样的统计分析及分类处理 [J]. 植物分类学报, 1991, 29(3): 258–263.

[106] 张莉俊 , 秦红梅 , 王敏 , 等 . 二月兰形态性状的变异分析 [J]. 生物多样性 , 2005, 13(6): 535–545.

[107] Cordell S, Goldstein G, mueller dombois d, et al. Physiological and morphological variation in *metrosideros polymorpha*, a dominant Hawaiian tree species, alone an altitudinal gradient: the role of phenotypic plasticity[J]. Oecologia, 1998, 113: 188–196.

[108] Thompson J D, Mcneilly T, Gray A J. Population variation in Spartina anglica C. E.Hubbard. 1. Evidence from a common garden experiment[J]. New Phytologist, 1991, 117: 115–128.

[109] Thompson J D, mcNeilly T., Gray A J. Population variation in Spartina anglica C. E. Hubbard. 2. Reciprocal transplants among three successional populations[J]. New Phytologist, 1991b, 117: 129–139.

[110] Thompson J D, mcNeilly T, Gray A J. Population variation in Spartina anglica C. E. Hubbard. 3. Response to substrate variation in a glasshouse experiment[J]. New Phytologist, 1991c, 117: 141–152.

[111] Sheldon I,Gunman, Lee A, et al. Morphological. morphological, electrophoretic, and ecological analysis of Quercus macrocarpa population in the Black Hills of South dakota and Wyoming[J]. Can. J. Bot., 1990, 1(68): 2185–2194.

[112] Schwaegerle K E, Garbutt K, Bazzaz F A. differentiation among nine populations of Phlox. I. Electrophoretic and quantitative variation[J]. Evolution, 1986, 40: 506–517.

[113] 葛颂 . 植物群体遗传结构研究的回顾和展望 [M]// 李承森 . 植物科学进展 . 北京 : 高等教育出版社 , 1997, 1:1–15.

[114] Grant V, Grant K A. Flower Pollination in the Phlox Family[M]. New York: Columbia University Press, 1965.

[115] Faegri K, Van D P. The Principles of Pollination Ecology[M]. New York: Pergamon Press, 1978.

[116] Real L A. Pollination Biology[M]. New York: Academic Press, 1983.

[117] Waser N M. The adaptive nature of floral traits: ideas and evidence. In: Handbook of Experimental Pollination Biology (eds Jones CE, Little RJ)[M]. New York: Van Nostrand–Reindhold, 1983.

[118] Hainsworth FR, Wolf LL, mercier T. Pollination and predispersal seed predation: net effects on reproduction and inflorescence characteristics in *Ipomopsis aggregata*[J]. Oecologia, 1984, 63, 405–409.

[119] Brody A K.. Oviposition choices by a pre–dispersal seed predator(*Hylemya sp.*). I. Correspondence with hummingbird pollinators, and the role of plant size, density and floral morphology[J].1992, Oecologia, 91, 56–62.

[120] Proctor m, Yeo P, Lack A.. The Natural History of Pollination[M]. Portland, Oregon: Timber Press, 1996.

[121] Alexandersson R, Johnson S d.. Pollinator–mediated selection on flower–tube length in a hawkmoth–pollinated *Gladiolus* (Iridaceae)[J]. Proceedings of the Royal Society of London B. 2002, 269: 631–636.

[122] Clausen J. Stages in the Evolution of Plant Species[M]. Ithaca, New York: Cornell University Press, 1951.

[123] Stewart S C, Schoen d J. Pattern of phenotypic viability and fecundity selection in a natural population of Impatiens pallida[J]. Evolution, 1987, 4l: 1290–1301.

[124] Herrera cm. Selection on floral morphology and environmental determinants of fecundity in a hawkmoth–pollinated violet[J]. Ecological monographs, 1993, 63: 251–275.

[125] 耿宇鹏, 张文驹, 李博, 等. 表型可塑性与外来植物的入侵能力 [J]. 生物多样性, 2004, 12 (4): 447–455.

[126] 骆世明. 农业生态学 [M]. 北京: 中国农业出版社, 2001.

[127] Smith Q L, Smith T M. Elements of Ecology (fourth edition)[M]. BocaRaton, Florida, USA: The Benjamin/Cummings Publishing Company, 1998.

[128] Theunissen J d. Selection of suitable ecotypes within digitaria eriantha for reclamation and restoration of disturbed areas in southern Africa[J]. Journal of Arid Environments, 1997, 35(3): 429–439.

[129] Jung S, Steffen K L, Hee J L. Comparative photoinhibition of a high and a low altitude ecotype of tomato(*Lycopersicon hirsutum*) to chilling stress under high and low light conditions[J]. Plant Science, 1998, 134(1):69–77.

[130] Sanderson M A, Reed R L. Switchgrass as a sustainable bioenergy crop. Bioresource[J]. Technolo gy, 1996, 56(1):83–93.

[131] Baric S, Sturmbauer C. Ecological Parallelism and Cryptic Species in the Genus Ophiothrix derived from mitochondrial dNA Sequences[J]. Molecular Phylogenetics and Evolution, 1999, 11(1): 157–162.

[132] 同号文 . 有关物种概念与划分中的一些问题 [J]. 古生物学报 , 1995, 34(6):761–776.

[133] mayr E. The biological meaning of species[J]. Bio. J. of the Linn. Soc., 1969, 1:311–320.

[134] Grant V. The Evolutionary Process, a Critical Review of Evolutionary Theory[M]. New York: Columbia University Press, 1985.

[135] 徐炳声 . 中国植物分类学中的物种问题 [J]. 植物分类学报 , 1998, 36(5): 470–480.

[136] 徐炳声 . 生态变异在植物分类学和进化中的重要性 [J]. 广西植物 , 1986, 6(3): 201–216.

[137] 洪德元 . 婆婆纳属长果婆婆纳群的统计分类处理 [J]. 植物分类学报 , 1978, 16(3): 20–24.

[138] 徐炳声 , 方云亿 , 王超 , 等 . 庭藤种综内分类群间变异式样的相关性 [J]. 植物研究 , 1983, 3(1): 9–23.

[139] 李瑞军 , 刘祥军 , 刘枚 , 等 . 东北地区野豌豆属 Vicia L. 物种生物学研究 II. 山野豌豆复合种核型分析和进化 [J]. 植物研究 , 1991, 11(4): 75–80.

[140] Minelli A. Biological systematics[M]. London: Chapman and Hall, 1993.

[141] Wright S. Character change, speciation, and the higher taxa[J]. Evolution, 1982, 6(3): 427–443.

[142] 同号文 . 物种形成方式及成种理论述评 [J]. 古生物学报 , 1997, 36(3): 387–400.

[143] 陈家宽 , 王徽勤 . 居群概念和方法在植物分类学中的应用 [J]. 武汉植物学研究 , 1986, 4(4): 377–383.

[144] 洪德元 . 物细胞分类学 [M]. 北京 : 科学出版社 , 1990.

[145] Grant V. Plant Speciation. [M]. 2nd ed. New York: Coumbia Universitv Press, 1981.

[146] 吴征镒 , 王荷生 . 中国自然地理 : 植物地理 (上册)[M]. 北京 : 科学出版社 , 1983.

[147] 王荷生 . 植物区系地理 [M]. 北京 : 科学出版社 , 1992.

[148] Raunkiaer C. The life forms of plants and statistical plant geography[M]. Oxford: Clarendon Press, 1934.

[149] Shannon C E, Weaver W. The mathematical theory of communication[M]. Illinois: University of Illinois Press, 1959.

[150] 孔华清,黄章平,邓焕然,等.韶关国家森林公园植物区系分析[J].林业与环境科学,2018,34(3):97–102.

[151] 肖佳伟,王冰清,张代贵,等.武功山地区种子植物区系研究[J].西北植物学报,2017,37(10):2063–2073.

[152] 吴征镒."中国种子植物属的分布区类型"的增订和勘误[J].云南植物研究,1993(增刊 VI):141–178.

[153] 吴征镒.中国种子植物属的分布区类型[J].云南植物研究,1991(增刊 VI):1–130.

[154] 钱慧蓉,杨国栋,陈林.四川东拉山大峡谷种子植物区系及植物资源研究[J].南京林业大学学报(自然科学版),2018,42(2):52–58.

[155] 李宏伟,赵元藩.白马雪山国家级自然保护区植物多样性[J].广西植物,2007,27(1):71–76.

[156] 吴金清,郑重,金义兴.宜昌大老岭种子植物区系研究[J].武汉植物学研究,1996,24(4):309–317.

[157] 戴振华,杨文.湖南临武西山种子植物区系研究[J].武汉植物学研究,2010,28(6):702–710.

[158] 向剑锋.湖南蓝山森林公园种子植物区系研究[D].长沙:中南林业科技大学,2009.

[159] 张小平.安徽省歙县清凉峰自然保护区植物区系的初步分析[J].安徽师大学报,1985(2):43–44.

[160] 沈显生.安徽大别山天堂寨山区植物区系的研究[J].植物学报,1986,28(6):657–663.

[161] 钱宏.安徽大别山北坡植物区系与邻近地区植物区系关系探讨[J].武汉位物学研究,1989,7(1):39–48.

[162] 董东平,郑敬刚,叶永忠.河南嵩山国家森林公园木本植物区系[J].林业科学,2009,45(3):160–166.

[163] 郑重.湖北植物区系特点与植物分布概况的研究[J].武汉植物学研究,1983,1(2):165–175.

[164] 张文,康永祥,李红.陕西木本植物区系研究[J].植物研究,1999,19(4):374–384.

[165] 周毅，冯志坚. 浙江龙王山植物区系的研究 [J]. 华东师范大学学报 (自然科学版), 1993(1): 88–94.

[166] 梅笑漫，刘鹏，郭水良. 浙江丽水市白云山木本植物区系的研究 [J]. 广西植物，2003, 23(2): 107–111.

[167] 李仁伟，张宏达，杨清培. 四川分布的中国种子植物特有科属研究 [J]. 武汉植物学研究，2001, 19(2): 113–120.

[168] 姚小兰，杜彦君，郝国欻，等. 峨眉山世界遗产地植物多样性全球突出普遍价值及保护 [J]. 广西植物，2018, 38(12): 1605–1613.

[169] manchester S R. Biogeographical relationships of North American Tertiary Floras[J]. Ann missouri, Bot Gard, 1999, 86: 472–522.

[170] Crane P B. Are-evaluation of Cercidiphyllum-like plant fossils from the British early Tertiary[J]. Bot, J Linn Soc, 1984, 83: 103–136.

[171] Crane P B, Stockey R A. morphology and development of pistillate inflorescences in extant and fossil Cercidiphyllaceae[J]. Ann missouri Bot Gard, 1985, 73: 382–399.

[172] Crane P B, Stockey R. Growth and reproductive biology of Joffrea speirsii gen. et sp. Nov., a Cercidiphyllum-like plan from the Late Paleocene of Alberta, Canada[J]. Can J Bot, 1985, 63: 340–364.

[173] Tanai T. Tertiary vegetational history of East Asia[J]. Bul1 mizunami Fossil mus., 1992, 19: 125–163.

[174] Jahnichen H, Mai D H, Walther H. Blatter und Fruchte von Cercidiphyllum Siebold and Zucearini im mitteleuropaischen Tertiar[J]. Schriftenreihe Geol Wiss Berlin, 1980, 12: 69–80.

[175] 惠利省，王章荣，徐立安. 鹅掌楸不同产地聚合果和种子性状差异分析 [J]. 种子，2009, 28(11): 96–99.

[176] 刘仁林，胡明娇，李江，等. 乌饭树果实大小的地理变异研究 [J]. 经济林研究，2016, 34(3): 114–120.

[177] 兰彦平，顾万春. 北方地区皂荚种子及荚果形态特征的地理变异 [J]. 林业科学，2006, 42(7): 47–51.

[178] 黄雪方，金雅琴，李冬林. 乌桕不同种源种子性状的地理变异 [J]. 西南林业大学学报，2011, 31(4): 44–48.

[179] 龙茹，于秀敏，秦素平，等 .39 种能源植物种子 (果实) 扫描电镜观察 [J]. 河北科技师范学院学报，2010, 24(3):50–58.

[180] Greipssons, davy A J. Seed mass and germination behavior in populations of the dune–building grass *Leymus arenaius*[J]. Annual of Botany, 1995, 76(5): 493–501.

[181] 刘志龙，虞木奎，唐罗忠，等．不同种源麻栎种子形态特征和营养成分含量的差异和聚类分析 [J]．植物资源和环境学报，2009, 18(1):36–41.

[182] Onathan W S. Seed size, life span and germination date asco–adapted features of plant life history[J]. American Naturalist, 1981, 118(6): 860–864.

[183] Weis I. Effects of propagule size on germination and seeding growth of botany[J]. 1982, 60: 959–971.

[184] Thompson K. Seed and seed banks[J]. New Phytologist, 1987, 106: 23–24.

[185] Coomes d A, Crubb P J. Colonization, tolerance, competition and seed–size vatiation within functional groups[J].Trends in Ecology and Evolution, 2003, 18(16): 283–291.

[186] 孙群，王建华，孙宝启．种子活力的生理和遗传机理研究进展 [J]．中国农业科学，2007, 40(1): 48–53.

[187] 李振华，王建华．种子活力与萌发的生理与分子机制研究进展 [J]．中国农业科学 2015, 48(4): 646–660.

[188] 闫慧芳，夏方山，毛培胜．种子老化及活力修复研究进展 [J]．中国农学通报，2014, 30(3): 20–26.

[189] 桑红梅，彭祚登，李吉跃．我国林木种子活力研究进展 [J]．种子，2006, 25(6): 55–59.

[190] 向光锋，田晓明，颜立红，等．种子贮藏和播种方式对红椆发芽及苗木生长的影响 [J]．湖南林业科技，2014, 41(5): 37–39.

[191] 张艳，袁涛．野生草本花卉种子萌发特性研究进展 [J]．中国农学通报，2017, 33(3): 67–73.

[192] 李阳，饶龙兵，郭洪英.16 种桤木属植物种子发芽和幼苗生长比较分析 [J]．中国农学通报，2014, 30(1): 77–84.

[193] 周峰．植物种子的进化 [J]．种子，2015, 34(10): 44–46.

[194] 滕贵波．欧洲林木育种研究进展 [J]．防护林科技，2017, 163(4): 63–64.

[195] 武高林，杜国祯．植物种子大小与幼苗生长策略研究进展 [J]．应用生态学报，2008, 19(1): 191–197.

[196] 向光锋，颜立红，蒋利媛，等．不同种源地乐东拟单性木兰种子的形态特征及萌发特性研究 [J]．中国农学通报，2019, 35(11): 61–64.

[197] 王玮槐，陈雨桐，党乾顺，等．红松无性系和优树种子性状及营养成分分析 [J].
森林工程，2019, 35(2): 11–26.

[198] 常恩福，肖桂英，李品荣，等．同一种源锥连栎的种子形态特征及变异 [J]. 西部
林业科学，2019, 48(2): 159–164.

[199] 王静蓉，殷金厥，周荣汉．连香树树皮化学成分的研究 [J]. 植物学报，1999, 41,
(2): 209–212.

[200] 刘胜祥，黎维平，杨福生，等．神农架国家级自然保护区连香树资源现状及其
保护 [J]. 植物资源与环境，1999, 8(1): 33–37.

[201] 潘开文．四川大沟流域土壤活性铝含量及其对连香树群落的影响 [J]. 山地学报，
1999, 17(2): 147–151.

[202] 姚连芳，刘会超，李宏瀛．濒危物种连香树资源繁育与开发利用 [J]. 安徽农业科
学，2005, 33(11): 2060–2061.

[203] 麦苗苗，石大兴，王米力．连香树的组织培养和快速繁殖 [J]. 植物生理学通讯，
2005, 41(6): 801.

[204] 刘彩贤，柴弋霞，罗峰，等．被子植物胚珠发育的分子机理研究进展 [J]. 分子植
物育种，2018, 16(2):626–632.

[205] 路安民，李建强，徐克学．金缕梅类科的系统发育分析 [J]. 植物分类学报，1991,
29(6): 481–493.

[206] 黎明，段增强，李莲枝，等．连香树营养器官的解剖学研究 [J]. 河南农业大学学
报，2005, 39(2):178–181.

[207] 王东，高淑贞．中国连香树科的系统研究 II．次生木质部的显微和超微结构 [J].
西北植物学报，1991, 11(4): 287–290.

[208] Boesewinkel E d, Bouman E. The seed: structure [M]//Johri B M. Embryology of
Angiosperms. Berlin: Spring–Verlag, 1984: 567–610.

[209] Gardner R. Notes on the fruit and seed of Homalanthus (Euphorbiaceae)[J].
Adansonia, 1999, 21(2): 301–305.

[210] 王军，吴兴，郑希龙，等．紫金牛属 (紫金牛科) 植物花部特征显微观测及其分
类学意义 [J]. 热带生物学报，2017, 8(1): 113–126.

[211] 国风利，孟繁静．被子植物胚珠发育机理研究的新进展 [J]. 生命科学，1996,
8(5): 41–42.

[212] 刘宁．胚珠器官特征的决定 [J]. 生物学通报，2016, 51(11):1–4.

[213] dreni L, Kater M M. MADS reloaded: evolution of the AG-AMOUS subfamily genes[J]. New Phytol, 2014, 201(3):717–732.

[214] 刘志雄, 李凤兰. 樱胚珠发育调控基因 *PrseSTK* 在单瓣与重瓣花中的表达比较 [J]. 植物研究, 2015, 35(4): 535–539.

[215] 江明喜, 吴金清, 葛继稳. 神农架南坡送子园珍稀植物群落的区系及生态特征研究 [J]. 武汉植物学研究, 2000, 18(5):368–374.

[216] 周世强, 黄金燕, 谭迎春, 等. 卧龙大熊猫栖息地植物群落多样性研究 I. 植物群落的基本特征 [J]. 四川林业科技, 2003, 24(2): 6–11.

[217] 魏志琴, 李旭光, 郝云庆. 珍稀濒危植物群落主要种群生态位特征研究 [J]. 西南农业大学学报 (自然科学版), 2004, 26(1): 1–4.

[218] 潘开文, 刘照光. 10a 生连香树人工群落生物量研究 [J]. 应用与环境生物学报, 1999, 5(2): 121–130.

[219] 万涛, 张建民, 潘开文. 10 年生连香树人工群落平均个体生长规律研究 [J]. 四川林业科技, 2002, 23(3): 34–38.

[220] 曹基武, 唐文东, 朱喜云. 连香树的森林群落调查及栽培技术 [J]. 林业科技开发, 2002, 16(6):30–32.

[221] 孔维静, 郑征. 岷江上游茂县退化生态系统及人工恢复植被地上生物量及净初级生产力 [J]. 山地学报, 2004, 22(4): 445–450.

[222] Hyatt L A, Casper B B. Seed bank formation during early secondary succession in a temperate deciduous forest[J]. Journal of Ecology, 2000, 88: 516–527.

[223] 刘文胜, 曹敏, 唐勇. 岷江上游毛榛、辽东栎灌丛及 3 种人工幼林土壤种子库的比较 [J]. 山地学报, 2003, 21(2): 162–168.

[224] 孔维静, 郑征. 四川省茂县四种人工林凋落物研究 [J]. 中南林学院学报, 2004, 24(4): 27–31.

[225] 高祥斌, 刘增文, 潘开文, 等. 岷江上游典型森林生态系统土壤酶活性初步研究 [J]. 西北林学院学报, 2005, 20(3): 1–5.

[226] 潘开文, 刘照光. 用关联度和聚类分析法研究连香树人工群落与环境的关系 [J]. 应用生态学报, 2001, 12(2):161–167.

[227] 潘开文. 四川大沟流域土壤活性铝含量及其对连香树群落的影响 [J]. 山地学报, 1999, 17(2): 147–151.

[228] 廖自基. 微量元素的环境化学及生物效应 [M]. 北京 : 中国环境科学出版社, 1992.

[229] 杜红霞,刘增文,潘开文,等.外源性 C, N 干扰对森林土壤酶活性的影响 [J].西北林学院学报, 2006, 21(2): 35–38.

[230] 何方.生态学发展阶段划分 [J].经济林研究, 2001, 19(3):51–52.

[231] 李博.生态学 [M].北京:高等教育出版社, 2000.

[232] 侯继华,马克平.植物群落物种共存机制的研究进展植物生态学报 [J], 2002, 26(增刊):1–8.

[233] 尚文艳,吴钢,付晓,等.陆地植物群落物种多样性维持机制 [J].应用生态学报, 2005, 16(3):573–578.

[234] Mueller–Dombois D, Ellenbern H. Aims and methods of vegetation ecology[M]. UK: John Wiley&Sons, 1974.

[235] Manuel C molles. Ecology: Concepts and Applications[M]. mcGraw–Hill Companies, Inc., 1999.

[236] Chase J m, Leibold m A. Ecological niches[M].Chicago: Chicago University Press, 2003.

[237] Hutchinson G E. The multivariate niche[J]. Cold Spring Harbour Symp Quant Biol., 1957, 22:415–421.

[238] Jonathan silvertown. Plant coexistence and the niche[J]. Trends in Ecology and Evolution, 2004, 19(11):605– 611.

[239] Hubbell S P. The unified neutral theory of biodiversity and biogeography[M]. Princeton University Press, 2001: 17–25.

[240] Chesson P. multispecies competition in variable environments[J]. Theor. Popul. Biol., 1994, 45:227–276.

[241] Joseph Fargione, Cynthia S. Brown, David Tilman. Community assembly and invasion: an experimental test of neutral versus niche processes[J].Proe.Natl.Acad. Sci.U.S.A., 2003, 100: 8916– 8920.

[242] Shi Z m, Cheng R m, Liu S. Niche characteristics of plant populations in deciduous broad–leaved forest in Baotianman[J]. Chinese Journal of Applied Ecology, 1999, 10(3): 265–269.

[243] 彭闪江,黄忠良,徐国良,等.生境异质性对鼎湖山植物群落多样性的影响 [J].广西植物, 2003, 23(5): 391–398.

[244] 岳明,周虹霞.太白山北坡阔叶林物种多样性特征.云南植物研究 [J].1997, 19(2):171–176.

[245] 杨一川,庄平,黎系荣.峨眉山峨眉拷、华木荷群落研究[J].植物生态学报.1994, 18(2): 105–120.

[246] 马克平.生物群落多样性的测度方法 I.α 多样性的测度方法 (上)[J].生物多样性, 1994, 2(3): 162–168.

[247] 李育中,王炜.统计生态学[M].裴浩,译.呼和浩特:内蒙古大学出版社, 1990, 54–66.

[248] 胡喜生,洪伟,吴承祯,等.长苞铁杉群落优势种群高度生态位研究[J].广西植物, 2004, 24(4): 323–328.

[249] 苏志尧,吴大荣,陈北光,等.粤北天然林优势种群生态位研究[J].应用生态学报, 2003, 14(1): 25–29.

[250] 黄绍辉,方炎明,彭冶,等.江苏宜兴市龙池山银缕梅种群的生态位研究[J].中南林学院学报, 2005, 25(6): 80–83.

[251] Levins R. Evolution in Changing Environments: Some Theoretical Explorations[M]. Princeton: Princeton University Press, 1968.

[252] Pianka E R. Competition and niche theory .In: R.M .May(ed).Theoretical Ecology, Principles and applications[M]. Oxford: Blackwall Scientific Publications, 1976.

[253] Pianka E R. Competition and niche theory .In: R.M .May(ed).Theoretical Ecology, Principles and applications[M]. 2nd ed. Sinauer, Sunderland: massachusetts, 1981.

[254] Pianka E R. Niche overlap and diffuse competition[J]. Proc. Natl. Acad. Sci. USA., 1974, 71: 2140–2145.

[255] Horn H S. The measurement of overlap in comparative ecological studies[J]. Am. Nat., 1966, 100: 419–424.

[256] Morisita M. The fitting of the logistic equation to the rate of increase of population density[J]. Res. Popul. Ecol., 1965, 7:52–55.

[257] 黄忠良,孔国辉,何道泉.鼎湖山植物群落多样性的研究[J].生态学报, 2000, 20(2): 193–198.

[258] 郭正刚,刘慧霞,孙学刚.白龙江上游地区森林植物群落物种多样性的研究[J].植物生态学报, 2003, 27(3): 388–395.

[259] 李博.生态学[M].北京:高等教育出版社, 2000.

[260] 王永健,陶建平,彭月,等.陆地植物群落物种多样性研究进展[J].广西植物, 2006, 26(4): 406–411.

[261] 贺金生，陈伟烈. 陆地植物群落物种多样性的梯度变化特征 [J]. 生态学报，1997, 17(1): 91-99.

[262] 吴勇，苏智先. 陆地植物群落物种多样性演替研究进展 [J]. 生命科学研究，2001, 5(3): 125-128.

[263] 李宗善，唐建维，郑征. 西双版纳热带山地雨林的植物多样性研究 [J]. 植物生态学报，2004, 28(6): 833-843.

[264] 王长庭，王启基，龙瑞军，等. 高寒草甸群落植物多样性和初级生产力沿海拔梯度变化的研究 [J]. 植物生态学报，2004, 28(2): 240-245.

[265] 朱彪，陈安平，刘增力. 南岭东西段植物群落物种组成及其树种多样性垂自格局的比较 [J]. 生物多样性，2004, 12(1): 53-62.

[266] Kalkhan M A, Stohlgren T J. Using multiscale sampling and spatial cross-correlation to investigate patterns of plant species richness[J].Environ. monitoring Assessment, 2000, 64: 591-605.

[267] Simpson G G. Species density of North American rodent mammals Syst[J]. Zoology, 1964, 13(5): 57-73.

[268] Grinnell J. The niche relationship of the California Thrasher[J].Auk, 1917, 34:427-433.

[269] Smith E P. Niche breadth, resource availability, and inference[J]. Ecoloy, 1982, 63(6): 1675-1681.

[270] Mucller L D, Altenberg L. Statistical inference on measures of niche overlap[J]. Ecoloy, 1985, 66(4):1204-1210.

[271] Macarthur Robert, Richard Levins. The limiting similarity, convergence, and divergence of coexisting species[J]. The American Naturalist, 1967, 101:377-385.

[272] May R M, MacArthur R H. Niche overlap as a function of environmental variability[J]. Proc. Natl. Acad. Sci. USA., 1972, 69:1109-1113.

[273] Hurlbert S H. The measurement of niche overlap and some relatives[J]. Ecology, 1978, 59(1): 67-77.

[274] Leibold M A. The niche concept revisited mechanistic models and community context[J]. Ecology, 1995, 76(5): 1371-1382.

[275] Aplet G H, Vitosek P M. An age altitude matrix analysis of Hawaiian Rain-forest succession[J]. Journal of Ecology, 1994, 82(1): 137-147.

[276] 钱莲文, 吴承祯, 洪伟, 等. 长苞铁杉林林隙内外更新层主要树种生态位 [J]. 福建农林大学学报 (自然科学版), 2005, 34(3):330–333.

[277] 毕晓丽, 洪伟, 吴承祯, 等. 珍稀植物群落多样性及稳定性分析 [J]. 福建林学院学报, 2003, 23(4): 301–304.

[278] Weider L T. Niche breadth and life history variation in a hybrid daphnia complex[J]. Ecology, 1993, 74(3): 935–943.

[279] 王立龙, 王广林, 黄永杰, 等. 黄山濒危植物小花木兰生态位与年龄结构研究[J]. 生态学报, 2006, 26(6): 1862–1871.

[280] 余树全, 李翠环. 千岛湖水源涵养林优势树种生态位研究 [J]. 北京林业大学学报, 2003, 25(2): 18–23.

[281] 吴刚, 梁秀英, 张旭东, 等. 长白山红松阔叶林主要树种高度生态位的研究 [J]. 应用生态学报, 1999, 10(3): 262–264.

[282] 颜廷芬, 丛沛桐, 刘兴华, 等. 环境因子对植物生态位宽度影响程度分析 [J]. 东北林业大学学报, 1999, 27(1):35–38.

[283] 刘金福, 洪伟. 格氏栲群落生态学研究: 格氏栲林主要种群生态位的研究 [J]. 生态学报, 1999, 19(3): 347–352.

[284] 张卫东, 安沙舟, 张勇娟, 等. 柴窝堡湖湿地植物群落结构的变化研究 [J]. 新疆农业科学, 2016, 53(9): 1734–1742.

[285] 王阳, 沈守云, 廖秋林. 湘江长沙城区段河岸带植物群落多样性研究 [J]. 中南林业科技大学学报, 2017, 37(2): 85–90.

[286] 邹东廷, 王庆刚, 罗奥, 等. 中国蔷薇科植物多样性格局及其资源植物保护现状 [J]. 植物生态学报, 2019, 43: 1–15.

[287] Brown J H. Why are there so many species in the tropics ? [J]. Journal of Biogeography, 2014, 41: 8–22.

[288] 王芳, 熊喆, 延晓冬, 等. 区域气候与中国柳属物种多样性格局的关系研究 [J]. 气候与环境研究, 2019, 24(2): 262–276.

[289] 毛志宏, 朱教君. 干扰对植物群落物种组成及多样性的影响 [J]. 生态学报, 2006, 26(8): 2695–2701.

[290] Buckley D S, Crow T R, Nauertz E A, et al. Influence of skid trails and haul roads on understory plant richness and composition in managed forest landscape in Upper michigan, USA[J]. Forest Ecology and management, 2003, 175(1/3): 509–520.

[291] 边巴多吉, 郭泉水, 次柏, 等. 西藏冷杉原始林林隙对草本植物和灌木树种多样性的影响 [J]. 应用生态学报, 2004, 15(2): 191–194.

[292] Sagar R, Raghubanshi A S, Singh J S. Tree species composition, dispersion and diversity along a disturbance gradient in a dry tropical forest region of India[J]. Forest Ecology and management, 2003, 186(1/3): 61–71.

[293] Sagar R, Raghubanshi A S, Singh J S. Tree species composition, dispersion and diversity along a disturbance gradient in a dry tropical forest region of India[J]. Forest Ecology and management, 2003, 186(1/3): 61–71.

[294] 柴宗政, 王得祥, 张丽楠, 等. 秦岭山地天然油松群落主要植物种群生态位特征 [J]. 生态学杂志, 2012, 31(8): 1917–1923.

[295] 黄晓敏, 杨盛昌, 郑志翰, 等. 厦门市大屿岛主要乔木种生态位特征分析 [J]. 应用海洋学学报, 2019, 38(2): 239–245.

[296] 宋朝枢, 徐荣章, 张清华. 中国珍稀濒危保护植物 [M]. 北京: 中国林业出版社, 1989.

[297] Bob Gibbons. Trees of Britain and Europe[M]. London: Chancer press, 1995.

[298] R·法兰克汉, J·D·巴卢, D·A·布里斯科. 保育遗传学导论 [M]. 黄宏文, 康明, 译. 北京: 科学出版社, 2005.

[299] 张云飞, 乌云娜, 杨持. 草原植物群落物种多样性与结构稳定性之间的相关性分析 [J]. 内蒙古大学学报 (自然科学版), 1997, 28(3): 419–423.

[300] 沈浩, 刘登义. 遗传多样性概述 [J]. 生物学杂志, 2001, 18(3): 5–7.

[301] 葛颂. 植物群体遗传结构研究的回顾和展望 [M]// 李承森. 植物科学进展. 北京: 高等教育出版社, 1997, 1.

[302] 李俊清. 中国水青冈种内种间遗传多样性的初步研究 [J]. 生物多样性, 1996, 4(2): 63– 68.

[303] 方宣钧, 程大新, 徐俊, 等. 中国转基因抗虫棉知识产权的商业化实施进展 [J]. 农业生物技术学报, 2001, 9(2): 103–106.

[304] 邹喻苹, 葛颂, 王晓东, 等, 系统与进化植物学中的分了标记 [M]. 北京: 科学出版社, 2001.

[305] 陈进明, 王青锋. 宽叶泽苔草居群内遗传多样研究 [J]. 生物多样性, 2005, 13(5): 398–406.

[306] LI X D, Huang H W, Li J Q. Genetic diversify of the relict plant *metasequoia glyptostroboides*[J]. Biodiversity Science, 2003, 11(2): 100–108.

[307] 周延清. DNA 分子标记技术在植物研究中的应用 [M]. 北京: 化学工业出版社, 2005.

[308] Wright S. The genetical structure of populations[J]. Annals of Eugenics, 1951, 15(4): 323–354.

[309] Wright S. Isolation by distance[J]. Genetics, 1943, 28(2): 114–138.

[310] Slatkin M. Gene flow and the geographic structure of natural populations[J]. Sience, 1987, 236(4803): 787–792.

[311] Hamrick J L, NASON J d. Consequence of dispersal in plants[M]//Rhodes O E, Ronald K C, Smith M H. Population dynamics in Ecological Space and Time. Chicago: The University of Chicago Press, 1996.

[312] Sato T, Isagi Y, Sakio H, et al. Effect of gene flow on spatial genetic structure in the riparian canopy tree Cercidiphyllum japonicum revealed by microsatellite analysis[J]. Heredity, 2006, 96(1): 79–84.

[313] 李典谟, 徐汝梅, 马祖飞, 等. 物种濒危机制和保育原理[M]. 北京: 科学出版社, 2005.

[314] Ayala F J, Kiger J A. modern Genetics:2nd ed.[M].Menlo park: Benjamin-Cummings, 1984.

[315] 钱迎倩, 马克平. 生物多样性研究的原理与方法[M]. 北京: 中国科学技术出版社, 1994.

[316] Frankel O H. Variation, the essence of life. Sir William macleay memorial Lecture[J]. Proc. Linn. Soc., 1970, 95:158–169.

[317] Brown A H D. Isozymes, plant population genetic structure and genetic conservation[J]. Theoretical and Applied Genetics, 1978, (2):145–157.

[318] Falk d A, HOLSINGER K E. Genetics and conservation of rare plants[M]. New York: Oxford University Press, 1991.

[319] 葛颂, 王海群, 张大明, 等. 八面山银杉林的遗传多样性和群体分化[J]. 植物学报, 1997, 39(3): 266–271.

[320] 李昂, 葛颂. 植物保护遗传学研究进展[J]. 生物多样性, 2002, 10(1): 61–71.

[321] Hamrick J L, Loveless M D. Associations between the breeding system and the genetic structure of tropical tree populations[M]//Bock J, Linhart Y B. Evolutionary Ecology of Plants. Boulder: Westview press, 1989.

[322] Epperson B K. Spatial patterns of genetic variation within plant populations[M]//Broen A H d, Cleg M T, KAHLER A L, et al. Plant Population Genetics, Breeding and Genetic Resources. Cary: Sinauer Associates, Inc., 1990.

[323] Schaal B A, Hayworth D A, Olsen K M, et al. Phylogeographic studies in plants: problems and prospects[J]. molecular Ecology, 1998, 7(4): 465–474.

[324] Smith J S C, Smith O S. Fingerprinting crop varieties[J]. Advance Agronomy, 1992, (47): 85–129.

[325] Williams J G K, Kubelik A R, LivakA F, et al. DNA polymorphism amplified by arbitrary primers are useful as genetic markers[J]. Nucleic Acids Res, 1990, 18(22): 6531–6535.

[326] Welsh J, MCCLELLAND M. Fingerprinting genomes using PCR with arbitrary primers[J]. Nucleic Acids Res, 1990, 18(24): 7213–7218.

[327] Mosseler A, Egger K N, Hughes G A. Low levels of genetic diversity in red pine confirmed by random amplified polymorphic dNA markers[J]. Can. J. For. Res., 1992, 22(9):1332–1337.

[328] Szmidt A E,M Z LU WANG, X R . Empirical assessment of allozyme and RAPD variation in Pinus sylvestris using haploid tissue analysis[J]. Heredity, 1996, 76(4): 412–420.

[329] Yeh F C, D K Chong , R C Yang . RAPD variation within and among natural populations of Trembling aspen (Populus tremuloides) from Alberta[J]. The Journal of Heredity, 1995, 86(6): 454–459.

[330] Wachira F N, Waugh R, Hackett C A. detection of genetic diversity in tea (Camellia sinensis) using RAPD markers[J]. Genome, 1995, 38(2): 201–210.

[331] Bielawski J P, Pumo D E. Random amplified polymorphic dNA (RAPD) analysis of Atlantic coast striped bass[J]. Heredity, 1997, 78(1): 32–40.

[332] 苏晓华，张绮纹，郑先武，等．利用 RAPD 分析大青杨天然群体的遗传结构 [J]. 林业科学，1997, 33(6): 504–511.

[333] 恽锐，钟敏，王洪新，等．北京东灵山辽东栎种群 DNA 多样性的研究 [J]. 植物学报，1998, 40(2): 169–175.

[334] 李宽钰，黄敏仁，杨自湘，等．青杨的遗传分化 [J]. 植物学报，1997, 39 (8): 753–758.

[335] 魏伟，王洪新，胡志昂，等．毛乌素沙地柠条群体分子生态学初步研究 :RAPD 证据 [J]. 生态学报，1999, 19(1): 16–22.

[336] 夏铭，周晓峰，赵士洞．天然蒙古栎群体遗传多样性的 RAPD 分析 [J]. 林业科学，2001, 37(5): 126–131.

[337] 钱韦，葛颂．居群遗传结构研究中显性标记数据分析方法初探 [J]. 遗传学报，2001, 28(3): 244–255.

[338] 崔继哲，祖元刚，聂江城．羊草种群遗传分化的 RAPD 分析 Ⅱ : RAPD 数据的统计分析 [J]. 生态学报，2002, 22(7): 982–989.

[339] MAILE C, Norman C. Conservation of genetic diversity in the endangered plant *Eriogonum cvaulifolium* var. *vineum*(Polygonaceae)[J]. Gonservation Genetics, 2003, 4: 337–352.

[340] Robert W, Jinzhong F, dARLENE E, et al. Genetic variability among endangered Chinese giant salamanders, *Andrias davidianus*[J]. Molecular Ecology, 2000, 9(10): 1539–1547.

[341] Vandewoestijne S, Baguette M. The genetic structure of endangered populations in the Cranberry Fritillary, Roloria aquilonaris (*Lepidoptera, Nymphalidae*): RAPDs vs allozymes[J]. Heredity, 2002, 89: 439–445.

[342] Wang Z S, A N S Q, Liu H, et al. Genetic Structure of the Endangered Plant *Neolitsea sericea* (Lauraceae) from the Zhoushan Archipelago Using RAPD markers[J]. Annals of Botany, 2005, 95:305–313.

[343] Anne B, Simon J, Julian R S, et al. molecular markers indicate that the narrow Québec endemics Rosa rousseauiorum and Rosa williamsii are synonymous with the widespread Rosa blanda[J]. Canadian Journal of Botany, 2005, 83(4): 386–399.

[344] Bouza N, Caujape-Castells J, Gonzalez-Perez M A , et al. Population structure and genetic diversity of two endangered endemic species of the Canarian laurel forest: dorycnium spectabile (fabaceae) and Isoplexis chalcantha (scrophulariaceae)[J]. International Journal of Plant Sciences, 2002, 163(4): 619–630.

[345] 邹喻苹, 蔡美琳, 张志宪, 等. 矮牡丹的遗传多样性与保护对策 [J]. 自然科学进展, 1999, 9(5): 468–472.

[346] 苏志龙, 殷寿华, 吴成军, 等. 濒危物种山红树居群遗传结构的 RAPD 分析 [J]. 云南植物研究, 2005, 27(2): 181–18l.

[347] 郝朝运, 郭卫东, 刘鹏. 濒危植物七子花种群间遗传分化的初步研究 [J]. 北京林业大学学报, 2005, 27(2): 59–64.

[348] 韩春艳, 孙卫邦, 高连明. 濒危植物三棱栎遗传多样性的 RAPD 分析 [J]. 云南植物研究, 2004, 26 (5): 513–518.

[349] 李巧明, 何田华, 许再富, 等. 濒危植物望天树的遗传多样性和居群遗传结构[J]. 分子植物育种, 2003, 1(5/6): 819–820.

[350] 苏何玲, 唐绍清. 濒危植物资源冷杉遗传多样性研究 [J]. 广西植物, 2004, 24(5): 414–417.

[351] 戴思兰, 王丽霞, 吴乃虎. 刺五加遗传多样性的 RAPD 分析 [J]. 自然科学进展, 1998, 8(4): 420–425.

[352] 张志勇，李德铢 . 极度濒危植物五针白皮松的保护遗传学研究 [J]. 云南植物研究 , 2003, 25(5): 544–550.

[353] 李珊，钱增强，蔡宇良，等 . 金钱槭和云南金钱槭遗传多样性比较研究 [J]. 植物生态学报 , 2005, 29(5): 785–792.

[354] 张大明，陈新露，邓峥嵘 . 木根麦冬 (*Ophiopogon xylorrhizus*) 干叶提取 DNA 用于 RAPD 分析 [J]. 生物多样性 , 1996, 4(2): 119–122.

[355] 罗晓莹，唐光大，许涵，等 . 山茶科 3 种中国特有濒危植物的遗传多样性研究 [J]. 生物多样性 , 2005, 13(2): 112–121.

[356] 楼巧君，陈亮，罗利军 . 三种水稻基因组 DNA 快速提取方法的比较 [J]. 分子植物育种 , 2005, 3(5): 749–752.

[357] Doyle J J, Doyle J L . Isolation of plant dNA from fresh tissue[J]. Focus, 1990, 12(1): 13–15.

[358] Scott O R, Bendich A J. Extraction of dNA from plant tissue[J]. PIant mol Biol manual, 1988, A6: 1–10.

[359] 孙鑫，崔洪志，胡宝忠，等 . SDS–CTAB 结合法提取棉花总 DNA[J]. 生物技术通报 , 2004, (5): 45–47.

[360] 徐虹，郑敏，章军，等 . 三种樟科植物的细胞总 DNA 提取 [J]. 云南植物研究 , 2004, 26(4): 451–457.

[361] Doyle J J, Doyle J L. A rapid dNA isolation procedure for small quantities of fresh leaf tissue[J]. Phytochem Bull, 1987, 19: 11–15.

[362] Rogers S O, Behdich A J. Extraction of dNA from milligram amounts of fresh, herbarium and mummifield plant tissues[J]. Plant mol Biol., 1985, 5(2): 69–76.

[363] 邹喻苹，汪小全，雷一丁，等 . 几种濒危植物及其近缘类群总 DNA 的提取与鉴定 [J]. 植物学报 , 1994, 36(7): 528–533.

[364] 傅荣昭，孙勇如，贾士荣 . 植物遗传转化技术手册 [M]. 北京 : 中国科学技术出版社 , 1994.

[365] 杜道林，马文儒，苏杰，等 . SDS, CTAB 和 PVP 法提取香蕉基因组 DNA 的比较研究 [J]. 海南师范学院学报 (自然科学版), 2003, 16(1): 74–80.

[366] Tan S L, Dosset M, Katze M G. Extraction of genomic dNA suitable for PCR analysis from dried plant rhizomes/roots[J]. Biotech, 1998, 25(5): 796–801.

[367] 李丹，凌定厚 . 五种提取马尾松基因组 DNA 方法的比较 [J]. 植物学通报 , 2000, 17(2): 168–173.

[368] 王关林, 方宏简. 植物基因工程原理与技术 [M]. 北京: 科学出版社, 1998.

[369] 许婉芳. 去除顽拗植物 DNA 提取过程中干扰物质的方法 [J]. 闽西职业大学学报, 2002, 4(3): 55–57.

[370] 许亦农, 麻密. 植物生物技术导论 [M]. 北京: 化学工业出版社, 2005.

[371] Williams J G K, Kubelik A R, Livak A F, et al. DNA polymorphism amplified by arbitrary primers are useful as genetic markers[J]. Nucleic Acids Res, 1990, 18(22): 6531–6535.

[372] Welsh J, Mcclelland M. Fingerprinting genomes using PCR with arbitrary primers[J]. Nucleic Acids Res, 1990, 18(24): 7213–7218.

[373] Liu J F, Xiao W F, Feng X. Application of RAPD technique in research of genetic diversity in rare and endangered plants [J]. Scientia Silvae Sinicae, 2004, 40(3): 156–161.

[374] 孟现东, 陈益泰. 枫香 DNA 提取方法与 PCR 扩增程序的优化 [J]. 林业科学研究, 2004, 17(1): 42–46.

[375] 栾雨时, 包永明. 生物工程实验技术手册 [M]. 北京: 化学工业出版社, 2005.

[376] 蒋昌顺, 葛琴雅, 邹冬梅, 等. 柱花草 RAPD 反应体系的建立及其 8 个品种遗传多样性分析 [J]. 广西植物, 2004, 24(3): 243–247.

[377] Wang J B, Liu ZH Y, Xu B Y, et al. Optimization of the RAPD reaction system of Litchi chinensis Sonn.by orthogonal design[J]. Journal of Wuhan Botanical Research, 2005, 23(4): 363–368.

[378] 尹佟明, 李淑娴, 郑阿宝, 等. 四甲基氯化铵在杨树 RAPD 扩增反应中的作用[J]. 植物资源与环境学报, 2001, 10(2): 11–13.

[379] 任军, 黄路生, 高军, 等. 利用随机扩增多态 DNA 技术对江西地方黑猪群体遗传关系的初步研究 [J]. 中国畜牧杂志, 2000, 36(4): 13–15.

[380] 边才苗, 李钧敏, 金则新, 等. 牛血清白蛋白在植物 RAPD 分析中的应用 [J]. 遗传, 2002, 24(3): 279–282.

[381] 金则新, 李钧敏, 钟章成. 大血藤 RAPD 条件的优化 [J]. 浙江林学院学报, 2003, 20(2): 141–145.

[382] 李钧敏, 金则新. 香果树 RAPD 扩增条件的优化及遗传多样性初步分析 [J]. 福建林业科技, 2004, 31(2):36–40.

[383] Al–Soud W A, Radstrom P. Purification and characterization of PCR–inhibitory components in blood cells[J]. J Clinic microbio, 2001, 39(2): 485–493.

[384] Kreader C A. Relief of amplification inhibition in PCR with bovine serum albumin or T4 gene 32 proteins[J]. Applied and Environmental microbiology, 1996, 62(3): 1102–1106.

[385] 叶冰莹, 陈由强, 朱锦懋, 等. 花生 RAPD 反应条件的研究 [J]. 花生科技, 2000, (1): 4–6.

[386] 李梅. 用牛血清白蛋白改善荸荠基因组 DNA 的 RAPD 扩增 [J]. 湖北农学院学报, 1999, 19(3): 284–285.

[387] 李钧敏, 金则新. 土壤可培养真菌 RAPD 扩增条件的优化 [J]. 土壤通报, 2004, 35(3): 295–298.

[388] 李钧敏. 土壤可培养细菌 DNA 的提取及 RAPD 条件的优化 [J]. 微生物学通报, 2003, 30(5): 5–9.

[389] Schemske d W, Husband B C, Ruckelshaus M H, et al. Evaluating approaches to the conservation of rare and endangered plants[J]. Ecology, 1994, 75(3): 584–606.

[390] Nei M. Estimation of average heterozygosity and genetic distance from a small number of individuals[J]. Genetics, 1978, 89(3): 583–590.

[391] Nei M. molecular Evolutionary Genetics[M]. New York: Columbia University Press, 1978.

[392] 周立伟, 吴乃虎. 濒危植物遗传多样性研究进展 [J]. 生物工程进展, 1995, 15(4): 22–25.

[393] Millar C I, Libby W T. Strategies for conserving clinal, ecotypic and disjunct population diversity in widerspread specie[M]//D A Falk, Holsinger K E. Genetics and Conservation of Rare Plants. New York: Oxford University Press, 1991.

[394] Schaal B A, Leverich W J, Rogstad S H. Comparison of methods for assessing genetic variation in plant conservation biology[M]//D A FALK, K E HOLSINGER, Genetics and conservation of rare plants. New York: Osford University Press, 1991.

[395] 董玉琛. 作物的生物多样性及遗传多样性研究 [J]. 作物品种资源, 1995, 3: 1–5.

[396] Robert W, Jinzhong F, Darlene E, et al. Genetic variability among endangered Chinese giant salamanders, Andrias davidianus[J]. Molecular Ecology, 2000, 9(10):1539–1547.

[397] Levi A, Rowland J L, Hartung S J. Production of reliable randomly amplified polymorphic dNA (RAPD) markers from dNA of woody plants[J]. Hortscience, 1993, 28 (12):1180–1190.

[398] Elena T, Jose M I, Cesar P. Genetic structure of an endangered plant, *Antirrhinum microphyllum*(Scrophulariaceae): Allozyme and RAPD analysis[J]. Amer J Bot., 2003, 90: 85–92.

[399] Li Q M, Xn Z F, He T H. Ex–situ, genetic conservation of endangered *Vatica guangxiensis* (Dipterocarpaceae) in China[J]. Biological Conservation, 2002, 106: 151–156.

[400] Maki M, Horie S. Random amplified polymorphic dNA (RAPD) markers reveal less genetic variation in the endangered plant *Cerastium fischerianum* var. *molle* than in the widespread conspecific *C. fischerianum* var. *fischerianum* (Caryophyllaceae) [J]. molecular Ecology, 1999, 8: 145–150.

[401] Toeees E, Iriondo J M , Perez C. Genetic structure of an endangered plant, Antirrhinum microphyllum (Scrophulariaceae): allozyme and RAPD analysis[J]. Amer J Bot, 2003, 90(1): 85–92.

[402] Jover M A, Castillo–Agudo L D, Garcia–Carrascosa M, et al. Random amplified polymorphic dNA assessment of diversity in western mediterranean populations of the seagrass Posidonia oceanica[J]. Amer J Bot., 2003, 90(3): 364–369.

[403] Kingston N, Waldren S, Smyth N. Conservation genetics and ecology of *Angiopteris hauliodonta* Copel, (Marattiaceae), a critically endangered fern from Pitcairn Island, South Central Paci, Ocean[J]. Biological Conservation, 2004, 117: 309–319.

[404] 王中仁. 植物等位酶分析 [M]. 北京 : 科学出版社 , 1996.

[405] 钱韦 , 葛颂 . 居群遗传结构研究中显性标记数据分析方法初探 [J]. 遗传学报 , 2001, 28(3): 244–255.

[406] 卢纹岱 , 朱红兵 , 何丽娟 , 等 . 统计软件应用的常见误区与解决途径 [J]. 首都体育学院学报 , 2005, 17(1): 122–125.

[407] Lynch M, Milligan B G. Analysis of population genetic structure with RAPD markers[J]. mol Ecol., 1994, 3: 91–99.

[408] Yeh F C, Yang R C , Boyle T B J, et al. POPGENE, the user–friendly shareware for population genetic analysis[M]. Alberta, Canada: molecular Biology and Biotechnology Centre, University of Alberta, Edmonton, 1997.

[409] 张富民 , 葛颂 . 群体遗传学研究中的数据处理方法 I. RAPD 数据的 AMOVA 分析 [J]. 生物多样性 , 2002, 10(4): 438–444.

[410] Excoffier L. Analysis of molecular variance (AMOVA) version 1.55[M]. Switzerland: Genetics and Biometry Laboratory, University of Geneva, 1993.

[411] Mark P, Miller. A windows program for the analysis of allozyme and molecular population genetic data (TFPGA)[M]. Flagstaff: department of Biological Sciences Northern Arizona University: 2000.

[412] Jiang Z F, Lin N Q, Xu m. A review on some technical problems in RAPD application[J]. J Fujian Agri Forest Univ., 2002, 31(3): 356–360.

[413] Marilla E F, Scoles G J. The use of RAPD markers in Hordeum phylogeny[J]. Gcnomc, 1996, 39(3): 636–645.

[414] Wilkie S E, Isaac P G, Slater R J. Random amplified polymorphic dNA(RAPD) markers for genetic analysis in Allium[J]. Theoretical and Applied Genetics, 1993, 86(4): 497–504.

[415] Ellstrand N C, Elam D R. Population genetic consequences of small population size: implications for plant conservation[J]. Annual Review of Ecological Systems, 1993, 24: 217–242.

[416] Avise J C, Hamrick J L. Conservation genetics: Case histories from nature[M]. New York: Chapman & Hall, Inc, 1996.

[417] Drummond R S M, Keeling D J, Richardson T E, et al. Genetic analysis and conservation of 31 surviving individuals of a rare New Zealand tree, *metrosideros bartlettii*(Myrtaceae)[J].Mol Ecol, 2000, 9: 1149–1157.

[418] Li B, Gu W C. mating system and genetic diversity proportion in *Pinus bungeana*[J]. Forest Research, 2004, 17, 19–25.

[419] Nei M. Analysis of gene diversity in subdivided populations[J]. Proc Natl Acad Sci USA, 1973, 70: 3321–3323.

[420] Widen B, Svensson L. Conservation of genetic variation in plants: the importance of population size and gene flow[M]//Ecological Principles of Nature Conservation: Application in the Temperate and Boreal Environments (ed. Hansson L). New York: Elsevier Science Publishers, 1992.

[421] Frankel O H, Soule M E. Conservation and evolution[M]. Cambridge: Cambridge University Press. 1981.

[422] Lenormand T. Gene flow and the limits to natural selection[J]. Trends in Ecology & Evolution, 2002, 17(4): 183–189.

[423] Franklin I R. Evolutionary change in small populations[M]//Soule M E, Wilcox B A. Conservation Biology: An Evolutionary-Ecological Perspective. Sunderland: Sinaner Associates, Inc. Publisher, 1980.

[424] Loveless M D, Hamrick J L H. Ecological determinants of genetic structure in plant populations[J]. Annual Review Ecology System, 1984, (15): 65-95.

[425] Kiang Y T, Chiang Y C. Comparing differentiation of wild Bean(*Glycinesoja sieband* zucc) populations on isozymes and quantitative traits[J]. Botanical Bulletin Academic Sinica, 1990, (31): 129-142.

[426] Alpert P, Lumaret R, Giusto F D. Population structure inferred from allozyme analysis in the clonal herb *fragariao biloensis*(Rosaceae)[J]. American Botany, 1993, 80(9): 1002-1006.

[427] 顾少华. 华北地区黑果蝇自然群体同工酶遗传多态的研究 [J]. 遗传学报, 1992, 19: 228-235.

[428] 郎萍, 黄宏文. 栗属中国特有种居群的遗传多样性及地域差异 [J]. 植物学报, 1999, 41(6): 651-657.

[429] 黄启强, 王莲辉. 马尾松天然群体同工酶遗传变异 [J]. 遗传学报, 1995, 22(2): 142-151.

[430] 李军, 陶芸, 郑师章, 等. 同工酶水平上野生大豆种群内分化的研究 [J]. 植物学报, 1995, 37(9): 669-676.

[431] 黎中宝, 林鹏. 不同纬度地区桐花树种群的遗传多样性研究 [J]. 集美大学学报 (自然科学版), 2001, 6(1): 39-45.

[432] Zhao A M, Liu Z M, Kann X Y, et al.. Allozyme variation in Sophora moorcroftiana, an endemic species of Tibet, China[J]. Biodiversity Science, 2003, 11: 91-99.

[433] 王东, 高淑贞. 中国连香树科的系统研究 II. 次生木质部的显微和超微结构 [J]. 西北植物学报, 1991, 11(4): 287-290.

[434] Hickey R J, Vincent M A, Gutmann S I. Genetic variation in running buffalos cloves *Trifolium soloniferum*, Fabaceae[J]. Conservation Biology, 1991, 5: 309-316.

[435] Swensen S M, Allan G J, Howe M, et al. Genetic analysis of the endangered island endemic malacothamnus fasciculatus (Nutt.) Greene var. nesiotic (Rob.)Keam (Malvaceae)[J]. Conservation Biology, 1995, 9: 404-415.

[436] Li X d, Huang H W, Li J Q. Genetic diversify of the relict plant *metasequoia glyptostroboides*[J]. Biodiversity Science, 2003, 11(2): 100–108.

[437] Waller D M, O'MALLEY d m, Gawler S C. Genetic variation in the extreme endemic, *Pedicularis furbishiae*(Scrophulariaceae)[J]. Conservation Biology, 1987, 1: 335–340.

[438] Liu Z L, Li S, Yan G Q. Genetic structure and intrasoecific genetic polymorphisms in natural populations of *Psathyrostacchys huashanica*[J]. Acta Genetica Sinica, 2001, 28: 769–775.

[439] Zhao L F, Li S, Pan Y. Population differentiation of Psathyrostachys huashanica along an altitudinal gradient detected by random amplified polymorphic dNA[J]. Acta Botanica Boreali–Occidentalia Sinica, 2001, 21, 391–400.

[440] Zhang Y J, Yang C. Comparative allozyme and RAPD population genetic diversity in a endemic plant species, Tetraena mongolica maxim (Zygophyllaceae), in Ords Plateau[J]. Acta Scientiarum Naturalium Universitatis NeiMongol, 2003, 34: 160–165.

[441] 路安民, 李建强, 陈之端. "低等" 金缕梅类植物的起源和散布 [J]. 植物分类学报, 1993, 31(6): 489–504.

[442] Jarzen D M. Some maestrichtian palynomorphs and their phygeographical and paleoecological implications[J]. Palynology, 1978, 2: 29–38.

[443] Jarzen D M. Some maestrichtian palynomorphs and their phygeographical and paleoecological implications[J]. Palynology, 1978, 2: 29–38.

[444] 中国科学院植物研究所, 南京地质古生物所. 中国新生代植物 [M]. 北京 : 科学出版社 , 1978.

[445] Crane P R.Paleobotanical evidence on the early radiation of nonmagnoliid dicotyledons[J]. PL. EVOL. 1989, 162:165–191.

[446] Wright S. The interpretation of population structure by F–statistics with special regard to systems of mating[J]. Evolution, 1965, 19: 395–420.

[447] Saunders D A, Hobbs R I, margules C R. Biological consequences of ecosystem fragmentation a review[J]. Conservation Biology, 1991, 5: 18–32.

[448] Young A, Boyle T, Brown T. The population genetic consequences of habitat fragmentation for plants[J]. Trends in Ecology and Evolution, 1996, 11: 413–418.

[449] Slatkin M. Gene flow in natural populations[J]. Annuals Review of Ecology and Systematics, 1985, 16: 393–430.

[450] Fischer M, D Matthies. RAPD variation in relation to population size and plant fitness in the rare Gentianella germanica (Gentianaceae)[J]. American Journal of Botany, 1998, 85: 811–819.

[451] Turkington R, Harper J L. The growth, distribution and neighbour relationships of Trifolium repens in a permanent pasture. IV. Fine scale biotic differentiation[J]. Journal of Ecology, 1979, 67: 245–254.

[452] Webstemeier R L, Brawn J d, Simpson S A, et al.Tracking the long, term decline and recovery of an isolated population[J]. Science, 1998, 282: 1695–1698.

[453] Cui J Z, Zu Y G, Nie J L, et al.Genetic differentiation of Leymus chinensis populations in Songnen grassland[J]. Bulletin of Botanical Research, 2001, 21: 116–215.

[454] 黄绍辉, 方炎明. 濒危植物连香树遗传多样性研究 [J]. 南京林业大学学报 (自然科学版), 2011 35(3): 65 – 69.

[455] 袁丽洁, 方向民, 崔波, 等. 濒危植物连香树的传粉生物学研究 [J]. 河南农业大学学报, 2007, 41(6): 647 – 654.

[456] 麦苗苗, 石大兴, 王米力, 等. PEG 处理对连香树种子萌发与芽苗生长的影响[J]. 林业科学, 2009, 45(10): 94 – 99.

[457] Benjamin d G, Ricardo F H G, Swetlana F, et al.Plasticity of the Arabidopsis Root System under Nutrient deficiencies [J]. Plant Physiology, 2013, 163(1): 161–179.

[458] Kong D L, MA C G, Zhang Q, et al.Leading dimensions in absorptive root trait variation across 96 subtropical forest species [J]. New Phytologist, 2014, 203: 863–872.

[459] Camila A C, Henrik S, Linda G, et al. Patterns of Plant Biomass Partitioning depend on Nitrogen Source [J]. PLoS ONE, 2011, 6 (4): e19211.

[460] Linda G, Takahide I, Annika N, et al. Cultivation of Norway spruce and Scots pine on organic nitrogen improves seedling morphology and field performance[J]. Forest Ecology and management, 2012, 276: 118–124.

[461] Kerry V A, Susanne S A, Richard B A, et al.. Amino acids are a nitrogen source for sugarcane [J]. Funct. Plant Biol, 2012, 39: 503–511.

[462] Liu R X, Chen S m, Jiang J F, et al. Proteomic changes in the base of chrysanthemum cuttings during adventitious root formation [J]. BMC Genomics, 2013, 14: 919.

[463] Deng G, Liu L J, Zhong X Y, et al. Comparative proteome analysis of the response of ramie under N, P and K deficiency [J]. Planta, 2014, 239: 1175–1186.

[464] Philippe N, Eléonore B, Alain G.Nitrogen acquisition by roots: physiological and developmental mechanisms ensuring plant adaptation to a fluctuating resource [J]. Plant Soil, 2013, 370: 1–29.

[465] Jarosław T, Andrzej T. Glutathione and glutathione disulfide affect adventitious root formation and growth in tomato seedling cuttings [J]. Acta Physiologiae Plantarum, 2010, 32: 411–417.

[466] Chanyarat P L, Thierry G A L, Doris R, et al. Plants can use protein as a nitrogen source without assistance from other organisms[J]. Proceedings of the National Academy of Sciences of the United States of America, 2008, 105(11): 4524–4529.

[467] Thierry G A L, Yuri T, Anthony Y, et al. Effects of externally supplied protein on root morphology and biomass allocation in Arabidopsis [J]. Nature: Scientific Reports, 2014, 4: 5055.

[468] Amy E M, William D B. Alpine plants shows species–level differences in the uptake of organic and inorganic nitrogen [J]. Plant and Soil, 2003, 250: 283–292.

[469] Shingaki W R N, Huang S, Taylor N L, et al. differential molecular responses of rice and wheat coleoptiles to anoxia reveal novel metabolic adaptations in amino acid metabolism for tissue tolerance [J]. Plant Physiol, 2011, 156: 1706–1724.

[470] Du F Y, Ruan G H, Liu H W. Analytical methods for tracing plant hormones [J]. Anal Bioanal Chem, 2012, 403: 55–74.

[471] Adriana G A, MARÍA d L P S, BERENICE G P, et al.Hormone symphony during root growth and development. developmental dynamics [J], 2012, 241 (12): 1867–1885.

[472] Angela H, Graziella B, Claude D, et al. Plant root growth, architecture and function [J]. Plant Soil, 2009, 321: 153–187.

[473] Blakeslay D, Weston G D, Hall F J. The role of endogenous auxin in root initiation. Part I: evidence from studies on auxin application and analysis of endogenous level [J]. Plant Growth Regul, 1991, 10: 341–353.

[474] Werner T, Motyka V, Laucou V, et al. Cytokinin-deficient transgenic Arabidopsis plants show multiple developmental alterations indicating opposite functions of cytokines in the regulation of shoot and root meristem activity [J]. Plant Cell, 2003, 15: 2532-2550.

[475] Tyburski J, Tretyn A. The role of light and polar auxin transport in root regeneration from hypocotyls of tomato seedling cuttings [J]. Plant Growth Regul, 2004, 42: 39-48.

[476] Vero´nica M, Eva B, Roberto B, et al. NO and IAA Key Regulators in the Shoot Growth Promoting Action of Humic Acid in Cucumis sativus L. [J]. J Plant Growth Regul, 2014, 33: 430-439.

[477] Krome K, Rosenberg K, Dickler C, et al. Soil bacteria and protozoa affect root branching via effects on the auxin and cytokinin balance in plants [J]. Plant Soil, 2010, 328: 191-201.

[478] Randeep R, Setsuko K. Abscisic acid promoted changes in the protein profiles of rice seedling by proteome analysis [J]. molecular Biology Reports, 2004, 31: 217-230.

[479] Meguro A, Sato Y. Salicylic acid antagonizes abscisic acid inhibition of shoot growth and cell cycle progression in rice [J]. Sci Rep, 2014, 4: 4555.

[480] Moazzam H A, Zeynab R, Jafar A. Response of Tuberose (Polianthes tuberose L.) to Gibberellic Acid and Benzyladenine [J]. Hort Environ Biotechnol, 2011, 52 (1): 46-51.